建筑与市政工程施工现场专业人员职业标准培训教材

机械员考核评价大纲及习题集

（第二版）

本书编委会　编

中国建筑工业出版社

图书在版编目（CIP）数据

机械员考核评价大纲及习题集/《机械员考核评价大纲及习题集》编委会编. —2版. —北京：中国建筑工业出版社，2017.8（2022.2重印）
建筑与市政工程施工现场专业人员职业标准培训教材
ISBN 978-7-112-21083-1

Ⅰ.①机…　Ⅱ.①机…　Ⅲ.①建筑机械-职业培训-教学参考资料　Ⅳ.①TU6

中国版本图书馆CIP数据核字（2017）第190404号

本书为机械员考核评价大纲及习题集（第二版）。全书分为两部分，第一部分为机械员考核评价大纲，由住房和城乡建设部人事司组织编写；第二部分为机械员习题集，分为通用与基础知识、岗位知识与专业技能两篇，共收录了约1000道习题和两套模拟试卷，习题和试卷均配有正确答案和解析。可供参加施工员培训考试的学员和相关专业工程技术人员练习使用。

＊　　＊　　＊

责任编辑：朱首明　李　明　李　阳　李　慧
责任校对：李欣慰　刘梦然

建筑与市政工程施工现场专业人员职业标准培训教材
机械员考核评价大纲及习题集
（第二版）
本书编委会　编

＊

中国建筑工业出版社出版、发行（北京海淀三里河路9号）
各地新华书店、建筑书店经销
北京科地亚盟排版公司制版
北京圣夫亚美印刷有限公司印刷

＊

开本：787×1092毫米　1/16　印张：11¾　字数：284千字
2017年8月第二版　　2022年2月第十二次印刷
定价：**32.00**元
ISBN 978-7-112-21083-1
（30731）

本书编委会

出 版 说 明

  建筑与市政工程施工现场专业人员队伍素质是影响工程质量和安全生产的关键因素。我国从 20 世纪 80 年代开始，在建设行业开展关键岗位培训考核和持证上岗工作。对于提高建设行业从业人员的素质起到了积极的作用。进入 21 世纪，在改革行政审批制度和转变政府职能的背景下，建设行业教育主管部门转变行业人才工作思路，积极规划和组织职业标准的研发。在住房和城乡建设部人事司的主持下，由中国建设教育协会、苏州二建建筑集团有限公司等单位主编了建设行业的第一部职业标准——《建筑与市政工程施工现场专业人员职业标准》，已由住房和城乡建设部发布，作为行业标准于 2012 年 1 月 1 日起实施。为推动该标准的贯彻落实，进一步编写了配套的 14 个考核评价大纲。

  该职业标准及考核评价大纲有以下特点：（1）系统分析各类建筑施工企业现场专业人员岗位设置情况，总结归纳了 8 个岗位专业人员核心工作职责，这些职业分类和岗位职责具有普遍性、通用性。（2）突出职业能力本位原则，工作岗位职责与专业技能相互对应，通过技能训练能够提高专业人员的岗位履职能力。（3）注重专业知识的完整性、系统性，基本覆盖各岗位专业人员的知识要求，通用知识具有各岗位的一致性，基础知识、岗位知识能够体现本岗位的知识结构要求。（4）适应行业发展和行业管理的现实需要，岗位设置、专业技能和专业知识要求具有一定的前瞻性、引导性，能够满足专业人员提高综合素质和适应岗位变化的要求。

  为落实职业标准，规范建设行业现场专业人员岗位培训工作，我们依据与职业标准相配套的考核评价大纲，以《建筑与市政工程施工现场专业人员职业标准培训教材（第二版）》为依据，组织开发了各岗位的题库、题集。

  第二版习题集是在上版的基础上，总结使用过程中发现的不足之处，参照现行标准、规范，面向国家考核评价题库，对习题集内容进行了调整、修改、补充，使之更贴近于考核评价，满足学员需求。

  题集覆盖《建筑与市政工程施工现场专业人员职业标准》涉及的施工员、质量员、安全员、标准员、材料员、机械员、劳务员、资料员 8 个岗位。题集分为上下两篇，上篇为通用与基础知识部分习题，下篇为岗位知识与专业技能部分习题，每本题集收录了 1000 道左右习题，所有习题均配有答案和解析，上下篇各附有模拟试卷一套。可供参加相关岗位培训考试的专业人员练习使用。

  题库建设中，教材主编及相关专家为我们提供了样题和部分试题，在此表示感谢！

  作为行业现场专业人员第一个职业标准贯彻实施的配套教材，我们的编写工作难免存在不足，因此，我们恳请使用本套教材的培训机构、教师和广大学员多提宝贵意见，以便进一步的修订，使其不断完善。

目　　录

上篇　通用与基础知识

下篇　岗位知识与专业技能

机械员

考核评价大纲

通 用 知 识

一、熟悉国家工程建设相关法律法规

（一）《建筑法》

1. 从业资格的有关规定
2. 建筑安全生产管理的有关规定
3. 建筑工程质量管理的有关规定

（二）《安全生产法》

1. 生产经营单位安全生产保障的有关规定
2. 从业人员权利和义务的有关规定
3. 安全生产监督管理的有关规定
4. 安全事故应急救援与调查处理的规定

（三）《建设工程安全生产管理条例》、《建设工程质量管理条例》

1. 施工单位安全责任的有关规定
2. 施工单位质量责任和义务的有关规定

（四）《劳动法》、《劳动合同法》

1. 劳动合同和集体合同的有关规定
2. 劳动安全卫生的有关规定

二、了解工程材料的基本知识

（一）无机胶凝材料

1. 无机胶凝材料的分类及特性
2. 通用水泥的品种、特性及应用

（二）混凝土及砂浆

1. 混凝土的分类、组成材料及特性
2. 砂浆的分类、组成材料及特性

（三）石材、砖和砌块

1. 砌筑用石材的分类及应用
2. 砖的分类及应用
3. 砌块的分类及应用

（四）钢材

1. 钢材的分类及特性
2. 一般机械零件选材的原则

三、了解施工图识读、绘制的基本知识

（一）施工图的基本知识

1. 房屋建筑施工图的组成及作用

2. 房屋建筑施工图的图示特点

（二）施工图的识读

房屋建筑施工图识读的步骤与方法

四、了解工程施工工艺和方法

（一）地基与基础工程

1. 岩土的工程分类

2. 基坑（槽）开挖、支护及回填的主要方法

3. 混凝土基础施工工艺

（二）砌体工程

1. 砌体工程的种类

2. 砌体工程施工工艺

（三）钢筋混凝土工程

1. 常见模板的种类

2. 钢筋工程施工工艺

3. 混凝土工程施工工艺

（四）钢结构工程

1. 钢结构的连接方法

2. 钢结构安装施工工艺

（五）防水工程

1. 防水工程的主要种类

2. 防水工程施工工艺

五、熟悉工程项目管理的基本知识

（一）施工项目管理的内容及组织

1. 施工项目管理的内容

2. 施工项目管理的组织

（二）施工项目目标控制

1. 施工项目目标控制的任务

2. 施工项目目标控制的措施

（三）施工资源与现场管理

1. 施工资源管理的任务和内容

2. 施工现场管理的任务和内容

基 础 知 识

一、了解工程力学的基本知识

（一）平面力系

1. 力的基本性质

2. 力矩、力偶的性质

3. 平面力系的平衡方程

（二）静定结构的杆件内力

1. 单跨静定梁的内力计算

2. 多跨静定梁内力的概念

3. 静定桁架内力的概念

（三）杆件强度、刚度和稳定性

1. 杆件变形的基本形式

2. 应力、应变的概念

3. 杆件强度的概念

4. 杆件刚度和压杆稳定性的概念

二、了解工程预算的基本知识

（一）工程造价的基本概念

1. 工程造价的构成

2. 工程造价的定额计价方法的概念

3. 工程造价的工程量清单计价方法的概念

（二）建筑与市政工程施工机械使用费

1. 机械台班消耗量的确定

2. 机械台班预算单价的确定

3. 施工机械台班使用费的组成和计算方法

（三）建筑与市政工程机械施工费

1. 机械施工费的组成

2. 机械施工费的计算方法

三、掌握机械识图和制图的基本知识

（一）投影的基本知识

1. 点、直线、平面的投影特性

2. 三视图的投影规律

3. 基本体的三视图识读方法

4. 组合体相邻表面的连接关系和基本画法

（二）机械零件图及装配图的绘制

1. 零件图的绘制步骤和方法

2. 装配图的绘制步骤和方法

四、掌握施工机械设备的工作原理、类型、构造及技术性能

（一）常见机构类型及应用

1. 齿轮传动的类型、特点和应用

2．螺纹和螺纹连接的类型、特点和应用

3．带传动的工作原理、特点和应用

4．轴的功用和类型

（二）液压传动

1．液压传动原理

2．液压系统中各元件的结构和作用

3．液压回路的组成和作用

（三）常见施工机械的工作原理、类型及技术性能

1．挖掘机的工作原理、类型及技术性能

2．铲运机的工作原理、类型及技术性能

3．装载机的工作原理、类型及技术性能

4．平地机的工作原理、类型及技术性能

5．桩工机械的工作原理、类型及技术性能

6．混凝土机械的工作原理、类型及技术性能

7．钢筋及预应力机械的工作原理、类型及技术性能

8．起重机的工作原理、类型及技术性能

9．施工升降机的工作原理、类型及技术性能

10．小型施工机械机具的类型及技术性能

岗 位 知 识

一、熟悉机械管理相关的管理规定和标准

（一）建筑施工机械安全监督管理的有关规定

1．特种机械设备租赁、使用的管理规定

2．特种机械设备操作人员的管理规定

3．建筑施工机械设备强制性标准的管理规定

（二）建筑施工机械安全技术规程、规范

1．塔式起重机的安装、使用和拆卸的安全技术规程要求

2．施工升降机的安装、使用和拆卸的安全技术规程要求

3．建筑机械使用安全技术规程要求

4．施工现场机械设备检查技术规程要求

5．施工现场临时用电安全技术规范要求

二、熟悉施工机械设备的购置、租赁知识

（一）施工项目机械设备的配置

1．施工项目机械设备选配的依据和原则

2．施工项目机械设备配置的技术经济分析

（二）施工机械设备的购置与租赁

1. 购置、租赁施工机械设备的基本程序

2. 机械设备购置、租赁合同的注意事项

3. 购置、租赁施工机械设备的技术试验内容、程序和要求

三、掌握施工机械设备安全运行、维护保养的基本知识

（一）施工机械设备安全运行管理

1. 施工机械设备安全运行管理体系的构成

2. 施工机械设备使用运行中的控制重点

3. 施工机械设备安全检查评价方法

（二）施工机械设备的维护保养

1. 施工机械设备的损坏规律

2. 一般机械设备的日常维护保养要求

3. 重点机械设备的日常维护保养要求

四、熟悉施工机械设备常见故障、事故原因和排除方法

（一）施工机械故障、事故原因

1. 施工机械常见故障

2. 施工机械事故原因

（二）施工机械故障的排除方法

1. 施工机械故障零件修理法

2. 施工机械故障替代修理法

3. 施工机械故障零件弃置法

五、掌握施工机械设备的成本核算方法

1. 施工机械设备成本核算的原则和程序

2. 施工机械设备成本核算的主要指标

3. 施工机械的单机核算内容与方法

六、掌握施工临时用电安全技术规范和机械设备用电知识

（一）临时用电管理

1. 施工临时用电组织设计

2. 安全用电基本知识

（二）设备安全用电

1. 配电箱、开关箱和照明线路的使用要求

2. 保护接零和保护接地的区别

3. 漏电保护器的使用要求

4. 行程开关（限位开关）的使用要求

专 业 技 能

一、能够参与编制施工机械设备管理计划

1. 编制施工机械设备常规维修保养计划
2. 编制施工机械设备常规安全检查计划

二、能够参与施工机械设备的选型和配置

1. 根据施工方案及工程量选配机械设备
2. 根据施工机械使用成本合理优化机械设备

三、能够参与特种设备安装、拆卸工作的安全监督检查

1. 对特种机械的安装、拆卸作业进行安全监督检查
2. 对特种机械的有关资料进行符合性查验

四、能够参与组织特种设备安全技术交底

1. 编制特种设备安全技术交底文件
2. 进行特种设备安全技术交底

五、能够参与机械设备操作人员的安全教育培训

1. 编制现场机械设备操作人员安全教育培训计划
2. 组织机械设备操作人员进行安全教育培训

六、能够对特种设备运行状况进行安全评价

1. 根据特种设备运行状况、运行记录进行安全评价
2. 确定特种机械设备的关键部位、实施重点安全检查

七、能够识别、处理施工机械设备的安全隐患

1. 识别、处理恶劣气候条件下机械设备存在的安全隐患
2. 识别、处理施工机械设备安全保护装置的缺失
3. 识别、处理施工机械设备的违规使用问题
4. 识别、处理施工机械操作人员的违规操作行为

八、能够建立机械设备的统计台账

1. 建立机械设备运行基础数据统计台账
2. 建立机械设备能耗定额数据统计台账

九、能够进行施工机械设备成本核算

1. 进行大型机械的使用费单机核算

2. 进行中小型机械的使用费班组核算

3. 进行机械设备的维修保养费核算

十、能够编制、收集、整理施工机械设备资料

1. 收集、整理施工机械原始证明文件资料

2. 收集、整理施工机械安全技术验收资料

3. 编制、收集、整理施工机械常规安全检查记录文件

机械员

习题集

第一章　建设法规

一、判断题

1. 建设法规是由国家立法机关或其授权的行政机关制定的。

【答案】正确

【解析】建设法规是指国家立法机关或其授权的行政机关制定的旨在调整国家及其有关机构、企事业单位、社会团体、公民之间，在建设活动中或建设行政管理活动中发生的各种社会关系的法律、法规的统称。

2. 建设法律是由国家立法机关或其授权的行政机关制定通过，由国家主席以主席令的形式发布的属于国务院建设行政主管部门业务范围的各项法律。

【答案】错误

【解析】建设法律是由全国人民代表大会及其常务委员会制定通过，由国家主席以主席令的形式发布的属于国务院建设行政主管部门业务范围的各项法律。

3. 建设行政法规是指由国务院制定，经国务院常务委员会审议通过，由国务院总理以中华人民共和国国务院令的形式发布的属于建设行政部门主管业务范围的各项法规。

【答案】正确

【解析】建设行政法规是指由国务院制定，经国务院常务委员会审议通过，由国务院总理以中华人民共和国国务院令的形式发布的属于建设行政部门主管业务范围的各项法规。

4. 建设部门规章是指住房和城乡建设部根据宪法规定的职责范围，依法制定各项规章或由住房和城乡建设部与国务院其他有关部门联合制定并发布的规章。

【答案】错误

【解析】建设部门规章是指住房和城乡建设部根据国务院规定的职责范围，依法制定各项规章或由住房和城乡建设部与国务院其他有关部门联合制定并发布的规章。

5. 对于地方建设规章和地方性建设法规来说，地方建设规章是上位法，地方性建设法规是下位法。

【答案】错误

【解析】在建设行政法规的五个层次中，其法律效力从高到低依次为建设法律、建设行政法规、建设部门规章、地方性建设法规、地方建设规章。法律地位高的称为上位法，法律地位低的称为下位法。

6. 《中华人民共和国建筑法》于 1997 年 11 月 1 日发布，自 1998 年 3 月 1 日起施行。

【答案】正确

【解析】《中华人民共和国建筑法》于 1997 年 11 月 1 日由中华人民共和国第八届人民

代表大会常务委员会第二十八次会议通过，于 1997 年 11 月 1 日发布，自 1998 年 3 月 1 日起施行。

7. 建筑业企业资质分为施工总承包、专业承包和施工劳务分包三个序列。

【答案】 正确

【解析】 建筑业企业资质分为施工总承包、专业承包和施工劳务分包三个序列。

8. 建筑工程属于施工总承包资质序列。

【答案】 正确

【解析】 施工总承包资质分为 12 个类别，包括建筑工程、公路工程、铁路工程、港口与航道工程、水利水电工程、电力工程、矿山工程、冶金工程、石油化工工程、市政公用工程、通信工程、机电安装工程。

9. 金属门窗属于市政公用工程施工总承包资质覆盖范围内的专业承包资质。

【答案】 错误

【解析】 施工总承包资质分为 12 个类别，包括建筑工程、公路工程、铁路工程、港口与航道工程、水利水电工程、电力工程、矿山工程、冶炼工程、石油化工工程、市政公用工程、通信工程、机电工程。

10. 房屋建筑工程、市政公用工程施工总承包企业资质等级均分为一级、二级、三级。

【答案】 错误

【解析】 房屋建筑工程、市政公用工程施工总承包企业资质等级均分为特级、一级、二级、三级。

11. 抹灰作业分包工程资质不分等级。

【答案】 正确

【解析】 抹灰作业分包的等级分类：不分等级。

12. 房屋建筑工程、市政公用工程施工总承包一级资质企业可以承揽高度 300m 及以下的构筑物。

【答案】 错误

【解析】 房屋建筑工程、市政公用工程施工总承包一级资质企业可承担单项合同额 3000 万元及以上的下列建筑工程的施工：

1）高度 200m 及以下的工业、民用建筑工程；

2）高度 240m 及以下的构筑物工程。

13. 专业承包企业可以对所承接的专业工程全部自行施工，不可将劳务作业分包给具有相应资质的劳务分包公司。

【答案】 错误

【解析】 专业承包企业可以对所承接的专业工程全部自行施工，也可以将劳务作业分包给具有相应资质的劳务分包企业。

14. 建设工程安全生产基本制度包括安全交底制度。

【答案】 错误

【解析】 建设工程安全生产基本制度：安全生产责任制度、群防群治制度、安全生产教育培训制度、伤亡事故处理报告制度、安全生产检查制度、安全责任追究制度。

15. 交付竣工验收的建筑工程，必须符合规定的建筑工程质量标准，有完整的工程技术经济资料和经签署的工程保修书，并具备国家规定的其他竣工条件。

【答案】正确

【解析】《建筑法》第 61 条规定，交付竣工验收的建筑工程，必须符合规定的建筑工程质量标准，有完整的工程技术经济资料和经签署的工程保修书，并具备国家规定的其他竣工条件。

16. 涉及生命安全、危险性较大的特种设备的目录由国务院负责特种设备安全监督管理的部门制定，报国务院批准后执行。

【答案】正确

【解析】涉及生命安全、危险性较大的特种设备的目录由国务院负责特种设备安全监督管理的部门制定，报国务院批准后执行。

17.《安全生产法》第 51 条规定，从业人员不得对本单位安全生产工作中存在的问题提出批评、检举、控告；有权拒绝违章指挥和强令冒险作业。

【答案】错误

【解析】《安全生产法》第 51 条规定：从业人员享有对本单位安全生产工作中存在的问题提出批评、检举、控告的权利。

18. 国务院负责安全生产监督管理的部门对全国安全生产工作实施综合监督管理。

【答案】正确

【解析】根据《安全生产法》第 9 条和《建设工程安全生产管理条例》有关规定：国务院负责安全生产监督管理的部门对全国安全生产工作实施综合监督管理。

19. 一般事故，是指造成 3 人以下死亡，或者 10 人以下重伤，或者 1000 万元以下直接经济损失的事故。

【答案】正确

【解析】一般事故，是指造成 3 人以下死亡，或者 10 人以下重伤，或者 1000 万元以下直接经济损失的事故。

20. 作为特种设备的施工机械是指"涉及生命安全、危险性较大的"起重机械。

【答案】正确

【解析】这里"作为特种设备的施工起重机械"是指"涉及生命安全、危险性较大的"起重机械。

21. 施工单位的项目负责人对建设工程项目的安全全面负责。

【答案】正确

【解析】《安全生产管理条例》第 21 条规定，施工单位的项目负责人对建设工程项目的安全全面负责。

22. 建设工程实行施工总承包的，施工现场的安全生产由总承包单位负总责。

【答案】正确

【解析】《安全生产管理条例》第 24 条规定：建设工程实行施工总承包的，由总承包单位对施工现场的安全生产负总责。

23. 安全防护设备管理属于《建设工程质量管理条例》规定的施工单位的质量责任和义务。

【答案】错误

【解析】施工单位的质量责任和义务：

1）依法承揽工程；

2）建立质量保证体系；

3）按图施工；

4）对建筑材料、构配件和设备进行检验的责任；

5）对施工质量进行检验的责任；

6）见证取样；

7）保修。

24. 劳动合同分为固定期限劳动合同、无固定期限劳动合同和以完成一定工作任务为期限的劳动合同。

【答案】正确

【解析】劳动合同分为以下三种类型：一是固定期限劳动合同；二是以完成一定工作任务为期限的劳动合同；三是无固定期限劳动合同。

25. 劳动合同部分无效，不影响其他部分效力的，其他部分仍然有效。

【答案】正确

【解析】劳动合同部分无效，不影响其他部分效力的，其他部分仍然有效。

26. 劳动安全卫生又称劳动保护，是指直接保护劳动者在劳动中的安全和健康的法律保护。

【答案】正确

【解析】劳动安全卫生又称劳动保护，是指直接保护劳动者在劳动中的安全和健康的法律保护。

二、单选题

1. 建设法规是由（　　）制定的旨在调整国家及其有关机构、企事业单位、社会团体、公民之间，在建设活动中或建设行政管理活动中发生的各种社会关系的法律、法规的统称。

A. 人民代表大会　　　　　　　　B. 国务院

C. 国家立法机关或其授权的行政机关　　D. 党中央

【答案】C

【解析】建设法规是指国家立法机关或其授权的行政机关制定的旨在调整国家及其有关机构、企事业单位、社会团体、公民之间，在建设活动中或建设行政管理活动中发生的各种社会关系的法律、法规的统称。

2. 建设法规体系的核心和基础是（　　）。

A. 建设法律　　　　　　　　　　B. 建设行政法规

C. 建设部门规章　　　　　　　　D. 地方性建筑法规

【答案】A

【解析】建设法律是建设法规体系的核心和基础。

3. 以下属于建设法律的是（　　）。

A.《建设工程质量管理条例》　　　B.《工程建设项目施工招标投标办法》

C.《中华人民共和国城乡规划法》　　　　D.《建设工程安全生产管理条例》

【答案】C

【解析】建设法律是由全国人民代表大会及其常务委员会制定通过，由国家主席以主席令的形式发布的属于国务院建设行政主管部门业务范围的各项法律，如《中华人民共和国建筑法》、《中华人民共和国招标投标法》、《中华人民共和国城乡规划法》等。

4. 以下属于建设部门规章的是（　　）。

A.《建设工程质量管理条例》　　　　　B.《工程建设项目施工招标投标办法》
C.《中华人民共和国城乡规划法》　　　D.《建设工程安全生产管理条例》

【答案】B

【解析】建设部门规章是指住房和城乡建设部根据国务院规定的职责范围，依法制定各项规章或由住房和城乡建设部与国务院其他有关部门联合制定并发布的规章，如《实施工程建设强制性标准监督规定》、《工程建设项目施工招标投标办法》等。

5. 以下属于建设行政法规的是（　　）。

A.《中华人民共和国建筑法》　　　　　B.《工程建设项目施工招标投标办法》
C.《中华人民共和国城乡规划法》　　　D.《建设工程安全生产管理条例》

【答案】D

【解析】建设行政法规的名称常以"条例"、"办法"、"规定"、"规章"等名称出现，如《建设工程质量管理条例》、《建设工程安全生产管理条例》等。

6. 在建设行政法规的五个层次中，法律效力最高的是（　　）。

A. 建设法律　　　　　　　　　　　　B. 建设行政法规
C. 建设部门规章　　　　　　　　　　D. 地方性建设法规

【答案】A

【解析】在建设行政法规的五个层次中，其法律效力从高到低依次为建设法律、建设行政法规、建设部门规章、地方性建设法规、地方建设规章。

7. 我国建设法规体系中，名称常以"条例"、"办法"、"规定"、"规章"等名称出现的是（　　）。

A. 建设法律　　　　　　　　　　　　B. 建设行政法规
C. 建设部门规章　　　　　　　　　　D. 地方性建设法规

【答案】B

【解析】建设行政法规的名称常以"条例"、"办法"、"规定"、"规章"等名称出现，如《建设工程质量管理条例》、《建设工程安全生产管理条例》等。

8. 下列属于建设行政法规的是（　　）。

A. 建设工程质量管理条例　　　　　　B. 工程建设项目施工招标投标办法
C. 中华人民共和国立法法　　　　　　D. 实施工程建设强制性标准监督规定

【答案】A

【解析】建设行政法规的名称常以"条例"、"办法"、"规定"、"规章"等名称出现，如《建设工程质量管理条例》、《建设工程安全生产管理条例》等。

9. 建设法规的五个层次中，其法律效力从高到低依次为（　　）。

A. 建设法律、建设行政法规、建设部门规章、地方建设法规、地方建设规章

B. 建设法律、建设行政法规、建设部门规章、地方建设规章、地方建设法规
C. 建设行政法规、建设部门规章、建设法律、地方建设法规、地方建设规章
D. 建设法律、建设行政法规、地方建设法规、建设部门规章、地方建设规章

【答案】A

【解析】在建设行政法规的五个层次中，其法律效力从高到低依次为建设法律、建设行政法规、建设部门规章、地方性建设法规、地方建设规章。

10. 《中华人民共和国建筑法》的发布日期为（　　）。
A. 1997 年 11 月 1 日　　　　　　　　　B. 1998 年 3 月 1 日
C. 1998 年 11 月 1 日　　　　　　　　　D. 2011 年 7 月 1 日

【答案】A

【解析】《中华人民共和国建筑法》于 1997 年 11 月 1 日由中华人民共和国第八届人民代表大会常务委员会第二十八次会议通过，于 1997 年 11 月 1 日发布，自 1998 年 3 月 1 日起施行。

11. 《中华人民共和国建筑法》是（　　）施行的。
A. 1997 年 11 月 1 日　　　　　　　　　B. 1997 年 12 月 31 日
C. 1998 年 1 月 1 日　　　　　　　　　　D. 1998 年 3 月 1 日

【答案】D

【解析】《中华人民共和国建筑法》于 1997 年 11 月 1 日由中华人民共和国第八届人民代表大会常务委员会第二十八次会议通过，于 1997 年 11 月 1 日发布，自 1998 年 3 月 1 日起施行。

12. 修改后的《中华人民共和国建筑法》自（　　）起施行。
A. 1997 年 11 月 1 日　　　　　　　　　B. 1998 年 3 月 1 日
C. 1998 年 11 月 1 日　　　　　　　　　D. 2011 年 7 月 1 日

【答案】D

【解析】修改后的《中华人民共和国建筑法》自 2011 年 7 月 1 日起施行。

13. 建筑工程属于资质序列是（　　）。
A. 施工总承包　　　　　　　　　　　　B. 专业承包
C. 劳务分包　　　　　　　　　　　　　D. 市政工程总承包

【答案】A

【解析】施工总承包资质分为 12 个类别，包括建筑工程、公路工程、铁路工程、港口与航道工程、水利水电工程、电力工程、矿山工程、冶金工程、石油化工工程、市政公用工程、通信工程、机电安装工程。

14. 属于市政公用工程施工总承包资质覆盖范围内的专业承包资质是（　　）。
A. 金属门窗　　　　　　　　　　　　　B. 建筑防水
C. 钢结构　　　　　　　　　　　　　　D. 城市及道路照明

【答案】D

【解析】市政公用工程施工总承包：（1）城市及道路照明；（2）土石方；（3）桥梁；（4）隧道；（5）环保；（6）城市及道路照明；（7）管道；（8）防腐保温；（9）机场场道。

15. 建筑业企业资质，是指建筑业企业的（　　）。

A. 建设业绩、人员素质、管理水平、资金数量、技术装备等的总称

B. 建设业绩、人员素质、管理水平等的总称

C. 管理水平、资金数量、技术装备等的总称

D. 建设业绩、人员素质、管理水平、资金数量等的总称

【答案】A

【解析】建筑业企业资质，是指建筑业企业的建设业绩、人员素质、管理水平、资金数量、技术装备等的总称。

16. 建筑业企业资质等级，是由（　　　）按资质条件把企业划分成的不同等级。

A. 国务院行政主管部门　　　　　　B. 省级行政主管部门

C. 地方行政主管部门　　　　　　　D. 行业行政主管部门

【答案】A

【解析】建筑业企业资质等级，是指国务院行政主管部门按资质条件把企业划分成的不同等级。

17. 房屋建筑工程、市政公用工程施工总承包企业资质等级一共划分为（　　　）个级别。

A. 3个　　　　　　　　　　　　　B. 4个

C. 5个　　　　　　　　　　　　　D. 6个

【答案】B

【解析】房屋建筑工程、市政公用工程施工总承包企业资质等级均分为特级、一级、二级、三级。

18. 城市及道路照明工程专业承包资质等级分为（　　　）。

A. 一、二、三级　　　　　　　　　B. 不分等级

C. 二、三级　　　　　　　　　　　D. 一、二级

【答案】A

【解析】企业类别：城市及道路照明工程等级分类：一、二、三级。

19. 抹灰作业分包工程资质等级分为（　　　）。

A. 一、二、三级　　　　　　　　　B. 不分等级

C. 二、三级　　　　　　　　　　　D. 一、二级

【答案】B

【解析】企业类别：抹灰作业分包等级分类：不分等级。

20. （　　　）企业可以对所承接的专业工程全部自行施工，也可以将劳务作业分包给具有相应资质的劳务分包企业。

A. 施工总承包　　　　　　　　　　B. 专业承包

C. 劳务承包　　　　　　　　　　　D. 土石方承包

【答案】B

【解析】专业承包企业可以对所承接的专业工程全部自行施工，也可以将劳务作业分包给具有相应资质的劳务分包企业。

21. 下列哪项不是建设工程安全生产基本制度（　　　）。

A. 安全生产责任制度　　　　　　　B. 群防群治制度

C. 安全生产检查制度　　　　　　　　D. 安全交底制度

【答案】D

【解析】建设工程安全生产基本制度：安全生产责任制度、群防群治制度、安全生产教育培训制度、伤亡事故处理报告制度、安全生产检查制度、安全责任追究制度。

22. 事故处理必须遵循一定的程序，做到"四不放过"，下列不属于"四不放过"的是（　　）。

A. 事故原因分析不清不放过　　　　B. 事故责任者和群众没受到教育不放过
C. 事故隐患不整改不放过　　　　　D. 负责领导没有受到处罚不放过

【答案】D

【解析】事故处理必须遵循一定的程序，做到"四不放过"，即事故原因分析不清不放过、事故责任者和群众没有受到教育不放过、事故隐患不整改不放过、事故的责任者没有受到处理不放过。

23. 下列不属于交付竣工验收的建筑工程必须满足的条件的是（　　）。

A. 符合规定的建筑工程质量标准
B. 有完整的工程技术经济资料和经签署的工程保修书
C. 具备国家规定的其他竣工条件
D. 建筑工程竣工验收合格后，方可交付使用

【答案】D

【解析】《建筑法》第61条规定，交付竣工验收的建筑工程，必须符合规定的建筑工程质量标准，有完整的工程技术经济资料和经签署的工程保修书，并具备国家规定的其他竣工条件。

24. 涉及生命安全、危险性较大的特种设备的目录由国务院负责特种设备安全监督管理的部门制定，报（　　）批准后执行。

A. 人民代表大会　　　　　　　　　B. 政府
C. 国务院　　　　　　　　　　　　D. 检察院

【答案】C

【解析】涉及生命安全、危险性较大的特种设备的目录由国务院负责特种设备安全监督管理的部门制定，报国务院批准后执行。

25. 下列不属于《安全生产法》中对于安全生产保障的人力资源管理保障措施的是（　　）。

A. 对主要负责人和安全生产管理人员的管理
B. 对一般从业人员的管理
C. 对特种作业人员的管理
D. 对施工班组的管理

【答案】D

【解析】人力资源管理：
（1）对主要负责人和安全生产管理人员的管理；
（2）对一般从业人员的管理；
（3）对特种作业人员的管理。

26. 生产经营单位的从业人员不享有（　　　）。

A. 知情权　　　　　　　　　　　B. 拒绝权

C. 请求赔偿权　　　　　　　　　D. 学习安全生产知识的权利

【答案】D

【解析】生产经营单位的从业人员依法享有以下权利：知情权；批评权和检举、控告权；拒绝权；紧急避险权；请求赔偿权；获得劳动防护用品的权利；获得安全生产教育和培训的权利。

27. 下列不属于安全生产监督检查人员的义务的是：（　　　）。

A. 应当忠于职守，坚持原则，秉公执法

B. 执行监督检查任务时，必须出示有效的监督执法证件

C. 对涉及被检查单位的技术秘密和业务秘密，应当为其保密

D. 自觉学习安全生产知识

【答案】D

【解析】《安全生产法》第 64 条规定了安全生产监督检查人员的义务：

1）应当忠于职守，坚持原则，秉公执法；

2）执行监督检查任务时，必须出示有效的监督执法证件；

3）对涉及被检查单位的技术秘密和业务秘密，应当为其保密。

28. 按生产安全事故的等级划分标准，造成 10 人及以上 30 人以下死亡，或者 50 人及以上 100 人以下重伤，或者 5000 万元及以上 1 亿元以下直接经济损失的事故称为（　　　）。

A. 特别重大事故　　　　　　　　B. 重大事故

C. 较大事　　　　　　　　　　　D. 一般事故

【答案】B

【解析】重大事故，是指造成 10 人及以上 30 人以下死亡，或者 50 人及以上 100 人以下重伤，或者 5000 万元及以上 1 亿元以下直接经济损失的事故。

29. 按生产安全事故的等级划分标准，一般事故，是指造成（　　　）人以下死亡，或者（　　　）人以下重伤，或者（　　　）万元以下直接经济损失的事故。

A. 3、10、1000　　　　　　　　B. 2、10、500

C. 3、20、1000　　　　　　　　D. 2、20、500

【答案】A

【解析】一般事故，是指造成 3 人以下死亡，或者 10 人以下重伤，或者 1000 万元以下直接经济损失的事故。

30.《安全生产法》对安全事故等级的划分标准中重大事故是指（　　　）。

A. 造成 30 人及以上死亡　　　　B. 10 人以上及 30 人以下死亡

C. 3 人以上 10 人以下死亡　　　D. 3 人以下死亡

【答案】B

【解析】重大事故，是指造成 10 人及以上 30 人以下死亡，或者 50 人及以上 100 人以下重伤，或者 5000 万元及以上 1 亿元以下直接经济损失的事故。

31.《生产安全事故报告和调查处理条例》规定，一般事故由（　　　）。

A. 国务院或国务院授权有关部门组织事故调查组进行调查

B. 事故发生地省级人民政府负责调查

C. 事故发生地设区的市级人民政府负责调查

D. 事故发生地县级人民政府负责调查

【答案】D

【解析】《生产安全事故报告和调查处理条例》规定了事故调查的管辖。特别重大事故由国务院或者国务院授权有关部门组织事故调查组进行调查。重大事故、较大事故、一般事故分别由事故发生地省级人民政府、设区的市级人民政府、县级人民政府负责调查。

32. 施工单位项目负责人的安全生产责任不包括（　　　）。

A. 落实安全生产责任制

B. 落实安全生产规章制度和操作规程

C. 确保安全生产费用的有效使用

D. 学习安全生产知识的权利

【答案】D

【解析】根据《安全生产管理条例》第 21 条，项目负责人的安全生产责任主要包括：

A. 落实安全生产责任制、安全生产规章制度和操作规程

B. 确保安全生产费用的有效使用

C. 根据工程的特点组织制定安全施工措施，消除安全隐患

D. 及时、如实报告安全生产安全事故

33. 建设工程实行施工总承包的，施工现场的安全生产由（　　　）。

A. 由分包单位各自负责　　　　　　　　B. 总承包单位负总责

C. 由建设单位负总责　　　　　　　　　D. 由监理单位负责

【答案】B

【解析】《安全生产管理条例》第 24 条规定：建设工程实行施工总承包的，由总承包单位对施工现场的安全生产负总责。

34. 根据《安全生产管理条例》，以下哪项不属于需要编制专项施工方案的工程（　　　）。

A. 模板工程　　　　　　　　　　　　　B. 脚手架工程

C. 土方开挖工程　　　　　　　　　　　D. 水电安装工程

【答案】D

【解析】《安全生产管理条例》第 26 条规定施工单位应当在施工组织设计中编制安全技术措施和施工现场临时用电方案。同时规定：对下列达到一定规模的危险性较大的分部分项工程编制专项施工方案：

A. 基坑支护与降水工程　　　　　　　　B. 土方开挖工程

C. 模板工程　　　　　　　　　　　　　D. 起重吊装工程

E. 脚手架工程　　　　　　　　　　　　F. 拆除、爆破工程

G. 国务院建设行政主管部门或者其他有关部门规定的其他危险性较大的工程

35. 以下不属于《建设工程质量管理条例》规定的施工单位的质量责任和义务的是（　　　）。

A. 依法承揽工程　　　　　　　　　　　B. 按图施工

C. 建立质量保证体系　　　　　　　　　D. 安全防护设备管理

【答案】D

【解析】施工单位的质量责任和义务：

1）依法承揽工程；

2）建立质量保证体系；

3）按图施工；

4）对建筑材料、构配件和设备进行检验的责任；

5）对施工质量进行检验的责任；

6）见证取样；

7）保修。

36.《劳动法》第21条规定，试用期最长不超过（　　）。

A. 3个月　　　　　　　　　　　　　B. 6个月

C. 9个月　　　　　　　　　　　　　D. 12个月

【答案】B

【解析】《劳动法》第21条规定：试用期最长不得超过6个月。

37. 劳动合同应该具备的条款不包括（　　）。

A. 劳动报酬　　　　　　　　　　　　B. 劳动合同期限

C. 社会保险　　　　　　　　　　　　D. 最低工资保障

【答案】D

【解析】《劳动法》第19条规定：劳动合同应当具备以下条款：

1）用人单位的名称、住所和法定代表人或者主要负责人；

2）劳动者的姓名、住址和居民身份证或其他有效身份证件号码；

3）劳动合同期限；

4）工作内容和工作地点；

5）工作时间和休息休假；

6）劳动报酬；

7）社会保险；

8）劳动保护、劳动条件和职业危害防护；

9）法律、法规规定应当纳入劳动合同的其他事项。

38. 下列哪个情形不属于劳动合同无效和部分无效（　　）。

A. 以欺诈、胁迫的手段或者乘人之危，使对方在违背真实意思的情况下订立或变更劳动合同

B. 违反法律、行政法规强制性规定

C. 用人单位免除自己的法定责任、排除劳动者权利

D. 用人单位法定代表人变更

【答案】D

【解析】《劳动合同法》第26条规定，下列劳动合同无效或者部分无效：

1）以欺诈、胁迫的手段或者乘人之危，使对方在违背真实意思的情况下订立或变更劳动合同的；

2）用人单位免除自己的法定责任、排除劳动者权利的；

3）违反法律、行政法规强制性规定的。

39. 下列哪项不属于用人单位可以裁减人员的情况（   ）。

A. 依照企业破产法规定进行重整的

B. 生产经营发生严重困难的

C. 企业转产、重大技术革新或经营方式调整

D. 企业产品滞销

【答案】 D

【解析】《劳动合同法》第 41 条规定：有下列情形之一，需要裁减人员 20 人以上或者裁减不足 20 人但占企业职工总数 10％以上的，用人单位提前 30 日向工会或者全体职工说明情况，听取工会或者职工的意见后，裁减人员方案经向劳动行政部门报告，可以裁减人员，用人单位应当向劳动者支付经济补偿：

A. 依照企业破产法规定进行重整的。

B. 生产经营发生严重困难的。

C. 企业转产、重大技术革新或经营方式调整，经变更劳动合同后，仍需裁减人员的。

D. 其他因劳动合同订立时所依据的客观经济情况发生重大变化，致使劳动合同无法履行的。

40. 下列有关用人单位和劳动者应当遵守的有关劳动安全卫生的法律规定，不正确的是（   ）。

A. 劳动安全卫生设施必须符合国家规定的标准

B. 用人单位不得让劳动者从事有职业危害的作业

C. 从事特种作业的劳动者必须经过专门培训并取得特种作业资格

D. 劳动者在劳动过程中必须严格遵守安全操作规程

【答案】 B

【解析】 根据《劳动法》的有关规定，用人单位和劳动者应当遵守如下有关劳动安全卫生的法律规定：

1）用人单位必须建立、健全劳动安全卫生制度，严格执行国家劳动安全卫生规程和标准，对劳动者进行劳动安全卫生教育，防止劳动过程中的事故，减少职业危害。

2）劳动安全卫生设施必须符合国家规定的标准。

3）用人单位必须为劳动者提供符合国家规定的劳动安全卫生条件和必要的劳动防护用品，对从事有职业危害作业的劳动者应当定期进行健康检查。

4）从事特种作业的劳动者必须经过专门培训并取得特种作业资格。

5）劳动者在劳动过程中必须严格遵守安全操作规程。

三、多选题

1. 建设法规旨在调整（   ）之间在建设活动中或建设行政管理活动中发生的各种社会关系。

A. 国家及其有关机构   B. 企事业单位

C. 社会团体   D. 公民

E. 政府

【答案】ABCD

【解析】建设法规是指国家立法机关或其授权的行政机关制定的旨在调整国家及其有关机构、企事业单位、社会团体、公民之间，在建设活动中或建设行政管理活动中发生的各种社会关系的法律、法规的统称。

2. 以下法律属于建设法律的有（   ）。

A. 《中华人民共和国建筑法》 B. 《中华人民共和国招标投标法》

C. 《中华人民共和国城乡规划法》 D. 《建设工程质量管理条例》

E. 《建设工程安全生产管理条例》

【答案】ABC

【解析】建设法律是由全国人民代表大会及其常务委员会制定通过，由国家主席以主席令的形式发布的属于国务院建设行政主管部门业务范围的各项法律，如《中华人民共和国建筑法》、《中华人民共和国招标投标法》、《中华人民共和国城乡规划法》等。

3. 以下法律属于建设行政法规的有（   ）。

A. 《建设工程安全生产管理条例》 B. 《中华人民共和国招标投标法》

C. 《中华人民共和国城乡规划法》 D. 《建设工程质量管理条例》

E. 《中华人民共和国建筑法》

【答案】AD

【解析】建设行政法规的名称常以"条例"、"办法"、"规定"、"规章"等名称出现，如《建设工程质量管理条例》、《建设工程安全生产管理条例》等。

4. 以下法律属于建设部门规章的有（   ）。

A. 《建设工程安全生产管理条例》 B. 《实施工程建设强制性标准监督规定》

C. 《工程建设项目施工招标投标办法》 D. 《建设工程质量管理条例》

E. 《中华人民共和国建筑法》

【答案】BC

【解析】建设部门规章是指住房和城乡建设部根据国务院规定的职责范围，依法制定各项规章或由住房和城乡建设部与国务院其他有关部门联合制定并发布的规章，如《实施工程建设强制性标准监督规定》、《工程建设项目施工招标投标办法》等。

5. 下列哪几项是我国建设法规体系组成部分（   ）。

A. 建设法律 B. 建设行政法规

C. 建设部门规章 D. 地方性建设法规

E. 地方建设规章

【答案】ABCDE

【解析】我国建设法规体系由以下五个层次组成：建设法律、建设行政法规、建设部门规章、地方性建设法规、地方建设规章。

6. 取得劳务分包资质的企业可承揽下列哪些工程（   ）。

A. 绿化 B. 钢筋

C. 脚手架 D. 模板

E. 园林

【答案】BCD

【解析】劳务分包资质分为 13 个类别，包括土木作业分包、砌筑作业分包、抹灰作业分包、石制作业分包、油漆作业分包、钢筋作业分包、混凝土作业分包、脚手架作业分包、模板作业分包、焊接作业分包、水暖电安装作业分包、钣金作业分包、架线作业分包。

7. 建筑业企业资质分为（　　）。

A. 施工总承包　　　　　　　　　　B. 专业承包

C. 施工劳务　　　　　　　　　　　D. 土石方承包

E. 劳务分包

【答案】ABC

【解析】建筑业企业资质分为施工总承包、专业承包和施工劳务三个序列。

8. 施工总承包二级资质企业可承包工程范围是（　　）。

A. 高度 200m 及以下的工业、民用建筑工程

B. 高度 120m 及以下的构筑物工程

C. 建筑面积 4 万 m^2 及以下的单体工业、民用建筑工程

D. 单跨跨度 39m 及以下的建筑工程

E. 单跨跨度 45m 及以下的建筑工程

【答案】ABCD

【解析】施工总承包二级资质企业可承担下列建筑工程的施工：

1）高度 200m 及以下的工业、民用建筑工程；

2）高度 120m 及以下的构筑物工程；

3）建筑面积 4 万 m^2 及以下的单体工业、民用建筑工程；

4）单跨跨度 39m 及以下的建筑工程。

9. 施工劳务分包资质类别包括（　　）。

A. 木工作业分包　　　　　　　　　B. 混凝土作业分包

C. 架线作业分包　　　　　　　　　D. 空调安装工程分包

E. 机电安装工程分包

【答案】AB

【解析】施工劳务资质分为 13 个类别，包括木工作业分包、砌筑作业分包、抹灰作业分包、石制作业分包、油漆作业分包、钢筋作业分包、混凝土作业分包、脚手架作业分包、模板作业分包、焊接作业分包、水暖电作业分包、钣金作业分包、架线作业分包。

10. 建筑业企业资质，是指建业企业的（　　）等的总称。

A. 建设业绩　　　　　　　　　　　B. 人员素质

C. 管理水平　　　　　　　　　　　D. 资金数量

E. 技术装备

【答案】ABCDE

【解析】建筑业企业资质，是指建筑业企业的建设业绩、人员素质、管理水平、资金数量、技术装备等的总称。

11. 建筑工程总承包三级企业承包工程范围包括（　　）。

A. 高度 50m 以内的建筑工程

B. 高度 70m 及以下的构筑物

C. 建筑面积 1.2 万 m² 及以下的单体工业、民用建筑工程

D. 各类房屋建筑工程施工

E. 各类跨度的房屋建筑物

【答案】ABC

【解析】建筑工程总承包三级企业承包工程可承担下列建筑工程的施工：

1）高度 50m 以内的建筑工程；

2）高度 70m 及以下的构筑物工程；

3）建筑面积 1.2 万 m² 及以下的单体工业、民用建筑工程；

4）单跨跨度 27m 及以下的建筑工程。

12. 房屋建筑工程、市政公用工程施工总承包企业资质等级一共划分为（　　）。

A. 特级　　　　　　　　　　　　　B. 一级

C. 二级　　　　　　　　　　　　　D. 三级

E. 四级

【答案】ABCD

【解析】房屋建筑工程、市政公用工程施工总承包企业资质等级均分为特级、一级、二级、三级。

13. 城市及道路照明工程专业承包资质等级分为（　　）。

A. 特级　　　　　　　　　　　　　B. 一级

C. 二级　　　　　　　　　　　　　D. 三级

【答案】BCD

【解析】企业类别：城市及道路照明工程，等级分类：一、二、三级。

14. 建筑工程施工合同具有下列情形之一的，认定无效（　　）。

A. 承包人未取得建筑施工企业资质或超越资质等级的

B. 没有资质的实际施工人借用有资质的建筑施工企业名义的

C. 建设工程必须进行招标而未招标或中标无效的

D. 联合承包

E. 劳务分包

【答案】ABC

【解析】建筑工程施工合同具有下列情形之一的，认定无效：

1）承包人未取得建筑施工企业资质或超越资质等级的；

2）没有资质的实际施工人借用有资质的建筑施工企业名义的；

3）建设工程必须进行招标而未招标或中标无效的。

15. 下列属于违法分包的是（　　）。

A. 总承包单位将建设工程分包给不具备相应资质条件的单位

B. 建设工程总承包合同中未有约定，又未经建设单位认可，承包单位将其承包的部分建设工程交由其他单位完成

C. 施工总承包单位将建设工程主体结构的施工部分分包给其他单位

D. 分包单位将其承包的建设工程再分包的

E. 总承包单位将建设工程分包给具备相应资质条件的单位

【答案】ABCD

【解析】根据《建筑法》的规定，《建设工程质量管理条例》进一步将违法分包界定为如下几种情形：

① 总承包单位将建设工程分包给不具备相应资质条件的单位的；

② 建设工程总承包合同中未有约定，又未经建设单位认可，承包单位将其承包的部分建设工程交由其他单位完成的；

③ 施工总承包单位将建设工程主体结构的施工部分分包给其他单位的；

④ 分包单位将其承包的建设工程再分包的。

16. 事故处理必须遵循一定的程序，做到"四不放过"，即（　　）。

A. 事故原因分析不清不放过

B. 事故责任者和群众没受到教育不放过

C. 事故隐患不整改不放过

D. 事故的责任者没有受到处理不放过

E. 负责领导没有受到处罚不放过

【答案】ABCD

【解析】事故处理必须遵循一定的程序，做到"四不放过"，即事故原因分析不清不放过、事故责任者和群众没有受到教育不放过、事故隐患不整改不放过、事故的责任者没有受到处理不放过。

17. 下列哪几项属于建设工程安全生产基本制度（　　）。

A. 安全生产责任制度 　　　　　　　B. 群防群治制度

C. 安全生产检查制度 　　　　　　　D. 安全交底制度

E. 伤亡事故处理报告制度

【答案】ABCE

【解析】建设工程安全生产基本制度：安全生产责任制度、群防群治制度、安全生产教育培训制度、伤亡事故处理报告制度、安全生产检查制度、安全责任追究制度。

18. 《建筑法》规定，交付竣工验收的建筑工程必须（　　）。

A. 符合规定的建筑工程质量标准

B. 有完整的工程技术经济资料和经签署的工程保修书

C. 具备国家规定的其他竣工条件

D. 建筑工程竣工验收合格后，方可交付使用

E. 未经验收或者验收不合格的，不得交付使用

【答案】ABC

【解析】《建筑法》第 61 条规定，交付竣工验收的建筑工程，必须符合规定的建筑工程质量标准，有完整的工程技术经济资料和经签署的工程保修书，并具备国家规定的其他竣工条件。

19. 《安全生产法》中对于安全生产保障的人力资源管理保障措施包括（　　）。

A. 对主要负责人和安全生产管理人员的管理

B. 对一般从业人员的管理

C. 对特种作业人员的管理

D. 对施工班组的管理

E. 对施工设备的管理

【答案】ABC

【解析】人力资源管理：

① 对主要负责人和安全生产管理人员的管理；

② 对一般从业人员的管理；

③ 对特种作业人员的管理。

20. 生产经营单位的从业人员依法享有以下权利：（　　　）。

A. 知情权

B. 批评权和检举、控告权

C. 拒绝权

D. 紧急避险权

E. 请求赔偿权

【答案】ABCDE

【解析】生产经营单位的从业人员依法享有以下权利：知情权；批评权和检举、控告权；拒绝权；紧急避险权；请求赔偿权；获得劳动防护用品的权利；获得安全生产教育和培训的权利。

21. 安全生产从业人员的权利包括（　　　）。

A. 知情权

B. 拒绝权

C. 请求赔偿权

D. 紧急避险权

E. 学习安全生产知识的权利

【答案】ABCD

【解析】生产经营单位的从业人员依法享有以下权利：知情权；批评权和检举、控告权；拒绝权；紧急避险权；请求赔偿权；获得劳动防护用品的权利；获得安全生产教育和培训的权利。

22. 下列属于安全生产监督检查人员的义务的是：（　　　）。

A. 应当忠于职守，坚持原则，秉公执法

B. 执行监督检查任务时，必须出示有效的监督执法证件

C. 对涉及被检查单位的技术秘密和业务秘密，应当为其保密

D. 自觉学习安全生产知识

E. 批评权和检举、控告权

【答案】ABC

【解析】《安全生产法》第64条规定了安全生产监督检查人员的义务：

1）应当忠于职守，坚持原则，秉公执法；

2）执行监督检查任务时，必须出示有效的监督执法证件；

3）对涉及被检查单位的技术秘密和业务秘密，应当为其保密。

23.《安全生产法》对安全事故等级的划分标准中重大事故是指（　　　）。

A. 造成30人及以上死亡

B. 10人以上及30人以下死亡

C. 50人及以上100人以下重伤

D. 5000 万元及以上 1 亿元以下直接经济损失

E. 1 亿元以上直接经济损失

【答案】 BCD

【解析】 重大事故，是指造成 10 人及以上 30 人以下死亡，或者 50 人及以上 100 人以下重伤，或者 5000 万元及以上 1 亿元以下直接经济损失的事故。

24.《安全生产管理条例》第 21 条规定，"施工单位主要负责人依法对本单位的安全生产工作全面负责"。具体包括：（　　　）。

A. 建立健全安全生产责任制度和安全生产教育培训制度

B. 制定安全生产规章制度和操作规程

C. 保证本单位安全生产条件所需资金的投入

D. 对所承建的建设工程进行定期和专项安全检查，并做好安全检查记录

E. 落实安全生产责任制、安全生产规章制度和操作规程

【答案】 ABCD

【解析】《安全生产管理条例》第 21 条规定，"施工单位主要负责人依法对本单位的安全生产工作全面负责"。具体包括：

A. 建立健全安全生产责任制度和安全生产教育培训制度

B. 制定安全生产规章制度和操作规程

C. 保证本单位安全生产条件所需资金的投入

D. 对所承建的建设工程进行定期和专项安全检查，并做好安全检查记录

25.《建设工程安全生产管理条例》规定，施工单位使用承租的机械设备和施工机具及配件的，由（　　　）共同进行验收。验收合格的方可使用。

A. 建设行政主管部门　　　　　　　　B. 施工总承包单位

C. 分包单位　　　　　　　　　　　　D. 出租单位

E. 安装单位

【答案】 BCDE

【解析】 使用承租的机械设备和施工机具及配件的，由施工总承包单位、分包单位、出租单位和安装单位共同进行验收。验收合格的方可使用。

26. 施工单位项目负责人的安全生产责任包括（　　　）。

A. 落实安全生产责任制　　　　　　　B. 落实安全生产规章制度和操作规程

C. 确保安全生产费用的有效使用　　　D. 及时、如实报告安全生产安全事故

E. 学习安全生产知识的权利

【答案】 ABCD

【解析】 根据《安全生产管理条例》第 21 条，项目负责人的安全生产责任主要包括：

A. 落实安全生产责任制、安全生产规章制度和操作规程；

B. 确保安全生产费用的有效使用；

C. 根据工程的特点组织制定安全施工措施，消除安全隐患；

D. 及时、如实报告安全生产安全事故。

27. 根据《安全生产管理条例》，以下分部分项工程需要编制专项施工方案（　　　）。

A. 模板工程　　　　　　　　　　　　B. 脚手架工程

C. 土方开挖工程
D. 水电安装工程
E. 起重吊装工程

【答案】ABCE

【解析】《安全生产管理条例》第26条规定施工单位应当在施工组织设计中编制安全技术措施和施工现场临时用电方案。同时规定：对下列达到一定规模的危险性较大的分部分项工程编制专项施工方案：

A. 基坑支护与降水工程
B. 土方开挖工程
C. 模板工程
D. 起重吊装工程
E. 脚手架工程
F. 拆除、爆破工程
G. 国务院建设行政主管部门或者其他有关部门规定的其他危险性较大的工程

28. 以下属于《建设工程质量管理条例》规定的施工单位的质量责任和义务的是（　　）。

A. 依法承揽工程
B. 按图施工
C. 建立质量保证体系
D. 见证取样
E. 安全防护设备管理

【答案】ABCD

【解析】施工单位的质量责任和义务：

1) 依法承揽工程；
2) 建立质量保证体系；
3) 按图施工；
4) 对建筑材料、构配件和设备进行检验的责任；
5) 对施工质量进行检验的责任；
6) 见证取样；
7) 保修。

29. 劳动合同应该具备的条款有（　　）。

A. 劳动报酬
B. 劳动合同期限
C. 社会保险
D. 最低工资保障
E. 每天工作时间

【答案】ABC

【解析】《劳动法》第19条规定：劳动合同应当具备以下条款：

1) 用人单位的名称、住所和法定代表人或者主要负责人；
2) 劳动者的姓名、住址和居民身份证或其他有效身份证件号码；
3) 劳动合同期限；
4) 工作内容和工作地点；
5) 工作时间和休息休假；
6) 劳动报酬；

7）社会保险；

8）劳动保护、劳动条件和职业危害防护；

9）法律、法规规定应当纳入劳动合同的其他事项。

30. 下列劳动合同无效和部分无效（　　）。

A. 以欺诈、胁迫的手段或者乘人之危，使对方在违背真实意思的情况下订立或变更劳动合同

B. 违反法律、行政法规强制性规定

C. 用人单位免除自己的法定责任、排除劳动者权利

D. 用人单位法定代表人变更

E. 用人单位发生合并或分立

【答案】ABC

【解析】《劳动合同法》第26条规定，下列劳动合同无效或者部分无效：

1）以欺诈、胁迫的手段或者乘人之危，使对方在违背真实意思的情况下订立或变更劳动合同的；

2）用人单位免除自己的法定责任、排除劳动者权利的；

3）违反法律、行政法规强制性规定的。

31. 有下列情形之一，用人单位可以裁减人员：（　　）。

A. 依照企业破产法规定进行重整的

B. 生产经营发生严重困难的

C. 企业转产、重大技术革新或经营方式调整

D. 企业产品滞销

E. 企业岗位合并

【答案】ABC

【解析】《劳动合同法》第41条规定：有下列情形之一，需要裁减人员20人以上或者裁减不足20人但占企业职工总数10%以上的，用人单位提前30日向工会或者全体职工说明情况，听取工会或者职工的意见后，裁减人员方案经向劳动行政部门报告，可以裁减人员，用人单位应当向劳动者支付经济补偿：

A. 依照企业破产法规定进行重整的

B. 生产经营发生严重困难的

C. 企业转产、重大技术革新或经营方式调整，经变更劳动合同后，仍需裁减人员的

D. 其他因劳动合同订立时所依据的客观经济情况发生重大变化，致使劳动合同无法履行的

32. 下列属于用人单位和劳动者应当遵守的有关劳动安全卫生的法律规定的是：（　　）。

A. 劳动安全卫生设施必须符合国家规定的标准

B. 用人单位不得让劳动者从事有职业危害的作业

C. 从事特种作业的劳动者必须经过专门培训并取得特种作业资格

D. 劳动者在劳动过程中必须严格遵守安全操作规程

E. 用人单位必须建立、健全劳动安全卫生制度

【答案】ACDE

【解析】根据《劳动法》的有关规定，用人单位和劳动者应当遵守如下有关劳动安全卫生的法律规定：

1）用人单位必须建立、健全劳动安全卫生制度，严格执行国家劳动安全卫生规程和标准，对劳动者进行劳动安全卫生教育，防止劳动过程中的事故，减少职业危害。

2）劳动安全卫生设施必须符合国家规定的标准。

3）用人单位必须为劳动者提供符合国家规定的劳动安全卫生条件和必要的劳动防护用品，对从事有职业危害作业的劳动者应当定期进行健康检查。

4）从事特种作业的劳动者必须经过专门培训并取得特种作业资格。

5）劳动者在劳动过程中必须严格遵守安全操作规程。

第二章 工程材料

一、判断题

1. 水硬性胶凝材料只能在水中凝结、硬化、保持和发展强度。

【答案】错误

【解析】水硬性胶凝材料既能在空气中硬化，也能在水中凝结、硬化、保持和发展强度。

2. 水泥是一种加水拌合成塑性浆体，能胶结砂、石等材料，并能在空气和水中硬化的粉状水硬性胶凝材料。

【答案】正确

【解析】水泥是一种加水拌合成塑性浆体，能胶结砂、石等材料，并能在空气和水中硬化的粉状水硬性胶凝材料。

3. 混凝土的耐火能力要比钢结构强。

【答案】正确

【解析】混凝土具有很好的耐火性。在钢筋混凝土中，由于钢筋得到了混凝土保护层的保护，其耐火能力要比钢结构强。

4. 按强度等级，普通混凝土分为普通混凝土（<C60）和高强混凝土（≥C60）。

【答案】错误

【解析】按强度等级分为普通强度混凝土（<C60）、高强混凝土（≥C60）、超高强度混凝土（≥100MPa）。

5. 水泥砂浆强度高、耐久性和耐火性好，但其流动性和保水性差。

【答案】正确

【解析】水泥砂浆强度高、耐久性和耐火性好，但其流动性和保水性差，施工相对较困难，常用于地下结构或经常受水侵蚀的砌体部位。

6. 烧结空心砖主要用作非承重墙，如多层建筑内隔墙或框架结构的填充墙等。

【答案】正确

【解析】烧结空心砖主要用作非承重墙，如多层建筑内隔墙或框架结构的填充墙等。

7. 一般碳钢中含碳量越低则硬度越高，强度也越高，塑性越好。

【答案】错误

【解析】一般碳钢中含碳量越高则硬度越高，强度也越高，但塑性较低。

8. Q235BZ 表示屈服点值<235MPa 质量等级为 B 级的脱氧方式为镇静钢碳素结构钢。

【答案】错误

【解析】Q235BZ 表示屈服点值≥235MPa 质量等级为 B 级的脱氧方式为镇静钢碳素结构钢。

9. 对于一般机械零件，其材料选用原则包括：使用性能原则、工艺性能原则、经济性原则。

【答案】正确

【解析】对于一般机械零件，其材料选用原则如下：（1）使用性能原则；（2）工艺性能原则；（3）经济性原则。

二、单选题

1. 下列不属于工程材料按化学成分分类的是（　　）。

A. 无机材料
B. 非金属材料
C. 有机材料
D. 复合材料

【答案】B

【解析】工程材料有多种分类方法，按化学成分可分为无机材料、有机材料、复合材料。

2. 适用范围与硅酸盐水泥基本相同的是（　　）。

A. 普通硅酸盐水泥
B. 矿渣硅酸盐水泥
C. 粉煤灰硅酸盐水泥
D. 复合硅酸盐水泥

【答案】A

【解析】普通硅酸盐水泥适用范围与硅酸盐水泥基本相同。

3. 下列哪种材料不是组成普通混凝土所必需的材料（　　）。

A. 水泥
B. 砂子
C. 水
D. 外加剂或掺合料

【答案】D

【解析】普通混凝土的组成材料有水泥、砂子、石子、水、外加剂或掺合料。前四种材料是组成混凝土所必须的材料，后两种材料可根据混凝土性能的需要有选择地添加。

4. 下列哪项不属于水泥砂浆的特性（　　）。

A. 强度高
B. 耐久性好
C. 流动性好
D. 耐火性好

【答案】C

【解析】水泥砂浆强度高、耐久性和耐火性好，但其流动性和保水性差，施工相对较困难，常用于地下结构或经常受水侵蚀的砌体部位。

5. 低碳钢的含碳量（　　）。

A. $w_c \leqslant 0.15\%$
B. $w_c \leqslant 0.20\%$
C. $w_c \leqslant 0.25\%$
D. $w_c \leqslant 0.60\%$

【答案】C

【解析】按含碳量可以把碳钢分为低碳钢（$w_c \leqslant 0.25\%$）、中碳钢（$w_c = 0.25\% \sim 0.6\%$）和高碳钢（$w_c > 0.6\%$）。

6. 下列哪项不属于碳素钢分类的：（　　）。

A. 低碳钢
B. 合金钢
C. 中碳钢
D. 高碳钢

【答案】B

【解析】按含碳量可以把碳钢分为低碳钢（$w_c \leqslant 0.25\%$）、中碳钢（$w_c = 0.25\% \sim 0.6\%$）和高碳钢（$w_c > 0.6\%$）；按磷、硫含量可以把碳素钢分为普通碳素钢（含磷、硫较高)、优质碳素钢（含磷、硫较低）和高级优质钢（含磷、硫更低）。

7. 低碳钢的含碳质量不高于（　　）。

A. 0.6%　　　　B. 0.25%　　　　C. 0.15%　　　　D. 0.1%

【答案】B

【解析】按含碳量可以把碳钢分为低碳钢（$w_c \leqslant 0.25\%$）、中碳钢（$w_c = 0.25\% \sim 0.6\%$）和高碳钢（$w_c > 0.6\%$）。

8. 碳素钢的含碳质量分数（　　）。

A. $w_c < 0.6\%$ 　　　　　　　　B. $w_c < 2.1\%$

C. $0.6\% \sim 2.1\%$ 　　　　　　　D. $w_c > 2.1\%$

【答案】B

【解析】碳素钢是含碳量（w_c）小于2%的铁碳合金。

9. 低碳钢的含碳量（　　）。

A. $w_c < 0.25\%$ 　　　　　　　　B. $0.25\% \sim 0.60\%$

C. $w_c > 0.60\%$ 　　　　　　　　D. $w_c > 0.25\%$

【答案】A

【解析】按含碳量可以把碳钢分为低碳钢（$w_c \leqslant 0.25\%$）、中碳钢（$w_c = 0.25\% \sim 0.6\%$）和高碳钢（$w_c > 0.6\%$）。

10. 中碳钢的含碳量（　　）。

A. $w_c < 0.25\%$ 　　　　　　　　B. $0.25\% \sim 0.60\%$

C. $w_c > 0.60\%$ 　　　　　　　　D. $w_c > 0.25\%$

【答案】B

【解析】按含碳量可以把碳钢分为低碳钢（$w_c \leqslant 0.25\%$）、中碳钢（$w_c = 0.25\% \sim 0.6\%$）和高碳钢（$w_c > 0.6\%$）。

11. 高碳钢的含碳量（　　）。

A. $w_c < 0.25\%$ 　　　　　　　　B. $0.25\% \sim 0.60\%$

C. $w_c > 0.60\%$ 　　　　　　　　D. $w_c > 0.25\%$

【答案】C

【解析】按含碳量可以把碳钢分为低碳钢（$w_c \leqslant 0.25\%$）、中碳钢（$w_c = 0.25\% \sim 0.6\%$）和高碳钢（$w_c > 0.6\%$）。

12. Q235BZ表示（　　）、质量等级为B级的镇静碳素结构钢。

A. 强度设计值≥235MPa 　　　　B. 比例极限值≥235MPa

C. 抗拉强度值≥235MPa 　　　　D. 屈服点值≥235MPa

【答案】D

【解析】Q235BZ表示屈服点值≥235MPa质量等级为B级的脱氧镇静钢碳素结构钢。

13. Q235BZ表示屈服点值≥235MPa、（　　）的镇静碳素结构钢。

A. 质量等级为B级 　　　　　　　B. 脱氧方式为半镇静钢

C. 含碳量代号为B 　　　　　　　D. 硬度代号为B

【答案】A

【解析】Q235BZ表示屈服点值≥235MPa质量等级为B级的脱氧镇静钢碳素结构钢。

14. Q235BZ 表示屈服点值≥235MPa 质量等级为 B 级（　　）的碳素结构钢。

A. 质量等级为 Z 级　　　　　　　　B. 脱氧方式为镇静钢

C. 含碳量代号为 Z　　　　　　　　D. 硬度代号为 Z

【答案】B

【解析】Q235BZ 表示屈服点值≥235MPa 质量等级为 B 级的脱氧镇静钢碳素结构钢。

15. 对于一般机械零件，其材料选用原则包括：使用性能原则、（　　）、经济性原则。

A. 铸造性原则　　　　　　　　　　B. 可焊性原则

C. 可锻性原则　　　　　　　　　　D. 工艺性能原则

【答案】D

【解析】对于一般机械零件，其材料选用原则如下：（1）使用性能原则；（2）工艺性能原则；（3）经济性原则。

三、多选题

1. 工程材料按化学成分分类，可分为（　　）。

A. 无机材料　　　　　　　　　　　B. 非金属材料

C. 有机材料　　　　　　　　　　　D. 复合材料

E. 金属材料

【答案】ACD

【解析】工程材料有多种分类方法，按化学成分可分为无机材料、有机材料、复合材料。

2. 下列属于硅酸盐水泥特性的是（　　）。

A. 水化热高　　　　　　　　　　　B. 抗冻性好

C. 耐热性差　　　　　　　　　　　D. 干缩小

E. 韧性好

【答案】ABCD

【解析】硅酸盐水泥主要特性：（1）早期强度高；（2）水化热高；（3）抗冻性好；（4）耐热性差；（5）耐腐蚀性差；（6）干缩小；（7）抗碳化性好。

3. 下列哪些材料是组成普通混凝土所必需的材料：（　　）。

A. 水泥　　　　　B. 砂子　　　　　C. 石子　　　　　D. 水

E. 外加剂或掺合料

【答案】ABCD

【解析】普通混凝土的组成材料有水泥、砂子、石子、水、外加剂或掺合料。前四种材料是组成混凝土所必须的材料，后两种材料可根据混凝土性能的需要有选择地添加。

4. 下列哪几项属于水泥砂浆的特性（　　）。

A. 强度高　　　　　　　　　　　　B. 耐久性好

C. 流动性好　　　　　　　　　　　D. 耐火性好

E. 保水性好

【答案】ABD

【解析】水泥砂浆强度高、耐久性和耐火性好，但其流动性和保水性差，施工相对较困难，常用于地下结构或经常受水侵蚀的砌体部位。

5. 下列哪几项属于碳素钢按含碳量分类的（   ）。

A. 低碳钢   B. 普通优质钢

C. 中碳钢   D. 高碳钢

E. 优质碳素钢

【答案】ACD

【解析】按含碳量可以把碳钢分为低碳钢（$w_c \leqslant 0.25\%$）、中碳钢（$w_c = 0.25\% \sim 0.6\%$）和高碳钢（$w_c > 0.6\%$）；按磷、硫含量可以把碳素钢分为普通碳素钢（含磷、硫较高）、优质碳素钢（含磷、硫较低）和高级优质钢（含磷、硫更低）。

6. 对于一般机械零件，其材料选用原则包括（   ）。

A. 力学性能原则   B. 使用性能原则

C. 工艺性能原则   D. 经济性原则

E. 物理性能原则

【答案】BCD

【解析】对于一般机械零件，其材料选用原则如下：（1）使用性能原则；（2）工艺性能原则；（3）经济性原则。

第三章　工程图识读

一、判断题

1. 在工程识图中，从物体的前方向后投影，在投影面上所得到的视图称为主视图。

【答案】正确

【解析】主视图——从物体的前方向后投影，在投影面上所得到的视图。

2. 在工程识图中，从物体的上方向下投影，在水平投影面上所得到的视图称为主视图。

【答案】错误

【解析】主视图——从物体的前方向后投影，在投影面上所得到的视图。

3. 在三视图中，主视图反映了物体的长度和宽度。

【答案】错误

【解析】在形体的三视图中，主视图反映了物体的长度和高度；俯视图反映了物体的长度和宽度；左视图反映了物体的宽度和高度。

4. 零件图的标注包括：画出全部尺寸线，注写尺寸数字，包括公差；标注表面粗糙度符号和形位公差。

【答案】正确

【解析】画零件图最后一步为：画出全部尺寸线，注写尺寸数字，包括公差；标注表面粗糙度符号和形位公差；填写技术要求和标题栏；确定无误后标题栏内签字。

5. 一张完整的零件图由一组图形和必要的尺寸组成。

【答案】错误

【解析】一张完整的零件图应该包括以下内容：标题栏、一组图形、必要的尺寸和技术要求组成。

6. 零件图的作用是制造和检验零件的依据。

【答案】正确

【解析】零件图中的尺寸是加工和检验零件的重要依据。

7. 由装配图不能够了解装配体的工作原理。

【答案】错误

【解析】表达整台机器或部件的工作原理、装配关系、连接方式及结构形状的图样称为装配图。

8. 装配图中明细栏中的编号与装配图中零、部件序号必须一致。

【答案】正确

【解析】明细表放在标题栏上方，并与标题栏对齐，其底边与标题栏顶边重合。装配图中零、部件序号一致。

9. 装配图中的一组图形，是用来表达组成机器的各个零件的结构形状。

【答案】错误

【解析】一组视图：用必要的视图、剖视图和剖面图来表达产品的结构、工作原理、装配关系、连接方式及主要零件的基本形状。

10. 在装配图中，标注装配体的总长、总宽和总高的尺寸是安装尺寸。

【答案】错误

【解析】安装尺寸——表示产品安装到其他结构上或基础上的位置尺寸。

11. 一张完整的装配图应该具备下列基本内容：一组视图、必要尺寸、技术要求、明细表和标题栏。

【答案】正确

【解析】一张完整的装配图应该具备以下基本内容：①一组视图；②必要尺寸；③技术要求；④明细表和标题栏。

12. 一张完整的装配图应该具备下列基本内容：一组视图、明细表和标题栏。

【答案】错误

【解析】一张完整的装配图应该具备以下基本内容：①一组视图；②必要尺寸；③技术要求；④明细表和标题栏。

13. 按照内容和作用不同，房屋建筑施工图分为建筑施工图、结构施工图和设备施工图。

【答案】正确

【解析】按照内容和作用不同，房屋建筑施工图分为建筑施工图（简称"建施"）、结构施工图（简称"结施"）和设备施工图（简称"设施"）。通常，一套完整的施工图还包括图纸目录、设计总说明（即首页）。

二、单选题

1. 正投影三视图的投影规律正确的是（　　）。

A. 主俯视图宽相等　　　　　　　　　B. 主左视图宽相等

C. 俯左视图高平齐　　　　　　　　　D. 主俯视图长对正

【答案】D

【解析】三视图的投影规律可归纳为：主、俯视图长对正；主、左视图高平齐；俯、左视图宽相等。

2. 左视图反映了物体（　　）方向尺寸。

A. 长和高　　　　　　　　　　　　　B. 长和宽

C. 宽和高　　　　　　　　　　　　　D. 前和后

【答案】C

【解析】在形体的三视图中，主视图反映了物体的长度和高度；俯视图反映了物体的长度和宽度；左视图反映了物体的宽度和高度。

3. 从物体的前方向后投影，在正投影面上所得到的图形是（　　）。

A. 左视图　　　　　　　　　　　　　B. 主视图

C. 剖视图　　　　　　　　　　　　　D. 断面图

【答案】B

【解析】主视图——从物体的前方向后投影，在投影面上所得到的视图。

4. 在工程图中，下列哪个视图不属于三视图基本视图（　　）。

A. 正视图

B. 左视图

C. 剖视图

D. 俯视图

【答案】C

【解析】三视图的形成：主视图、俯视图、左视图。

5. 形体的三视图的投影规律正确的为（　　）。

A. 主、俯视图长对正

B. 俯、左视图高平齐

C. 主、左视图宽相等

D. 上述等量关系都不存在

【答案】A

【解析】三视图的投影规律可归纳为：主、俯视图长对正；主、左视图高平齐；俯、左视图宽相等。

6.（　　）是制造和检验零件的依据。

A. 零件图

B. 装配图

C. 轴测图

D. 三视图

【答案】A

【解析】零件图中的尺寸是加工和检验零件的重要依据。

7. 零件上有配合要求或有相对运动的表面，粗糙度参数值（　　）。

A. 要大

B. 要小

C. 不确定

D. 不受影响

【答案】B

【解析】一般来说，凡零件上有配合要求或有相对运动的表面，表面粗糙度参数值要小。

8. 表示机器或部件的图样称为（　　）。

A. 零件图

B. 装配图

C. 轴侧图

D. 三视图

【答案】B

【解析】表达整台机器或部件的工作原理、装配关系、连接方式及结构形状的图样称为装配图。

9. 表示机器、部件规格或性能的尺寸是（　　）。

A. 规格（性能）尺寸

B. 装配尺寸

C. 安装尺寸

D. 外形尺寸

【答案】A

【解析】规格尺寸、性能尺寸——表示产品规格或性能的尺寸。

10. 一张完整的装配图包括必要的尺寸、技术要求和（　　）。

A. 标题栏

B. 零件序号

C. 明细栏

D. 标题栏、零件序号和明细栏

【答案】D

【解析】一张完整的装配图应该具备以下基本内容：①一组视图；②必要尺寸；③技术要求；④明细表和标题栏。

11. 装配图中明细栏画在装配图右下角标题栏的（　　）。

A. 右方
B. 左方
C. 上方
D. 下方

【答案】C

【解析】明细表放在标题栏上方，并与标题栏对齐，其底边与标题栏顶边重合。

12. 表示机器或部件外形轮廓的大小，即总长、总宽和总高的尺寸是（　　　）。

A. 规格（性能）尺寸
B. 装配尺寸
C. 安装尺寸
D. 外形尺寸

【答案】D

【解析】外形尺寸——表示产品的长、宽、高最大尺寸，可供产品包装、运输、安装时参考。

13. 下图所示材料图例表示（　　　）。

A. 钢筋混凝土
B. 混凝土
C. 砂浆
D. 普通砖

【答案】D

【解析】普通砖，图例：　　　　。

14. 下图所示材料图例表示（　　　）。

A. 钢筋混凝土
B. 混凝土
C. 自然土壤
D. 灰土

【答案】C

【解析】自然土壤，图例：　　　　。

15. 下图所示材料图例表示（　　　）。

A. 钢筋混凝土
B. 混凝土
C. 毛石
D. 灰土

【答案】C

【解析】毛石，图例：　　　　。

三、多选题

1. 下列哪几项符合三视图的投影规律（　　　）。

A. 主、俯视图长对正
B. 主、左视图高平齐
C. 俯、左视图长对正
D. 俯、左视图宽相等
E. 主、俯视图高平齐

【答案】ABD

【解析】三视图的投影规律可归纳为：主、俯视图长对正；主、左视图高平齐；俯、左视图宽相等。

2. 装配图表达了整台机器或部件的（　　）。

A. 装配关系　　　　　　　　　B. 工作原理

C. 结构形状　　　　　　　　　D. 连接方式

E. 内部结构

【答案】ABCD

【解析】表达整台机器或部件的工作原理、装配关系、连接方式及结构形状的图样称为装配图。

3. 机械图是制造零件和装配机器的主要依据。常用的两种机械图是（　　）。

A. 配件图　　　　　　　　　　B. 零件图

C. 构件图　　　　　　　　　　D. 装配图

E. 拆装图

【答案】BD

【解析】机械图是制造零件和装配机器的主要依据，是生产中最重要的技术文件之一。常用的两种机械图是零件图和装配图。

4. 一套完整的房屋建筑施工图应包括哪些内容（　　）。

A. 建筑施工图　　　　　　　　B. 结构施工图

C. 设备施工图　　　　　　　　D. 图纸目录

E. 设计总说明

【答案】ABCDE

【解析】按照内容和作用不同，房屋建筑施工图分为建筑施工图（简称"建施"）、结构施工图（简称"结施"）和设备施工图（简称"设施"）。通常，一套完整的施工图还包括图纸目录、设计总说明（即首页）。

第四章 建筑施工技术

一、判断题

1. 用井点降水，将水位降低至坑、槽底以下 300mm，以利土方开挖。

【答案】错误

【解析】在地下水位以下挖土，应在基坑（槽）四侧或两侧挖好临时排水沟和集水井，或采用井点降水，将水位降低至坑、槽底以下 500mm，以利土方开挖。

2. 采用机械开挖基坑时，为避免破坏基底土，应在基底标高以上预留 15～30cm 的土层由人工挖掘修整。

【答案】正确

【解析】采用机械开挖基坑时，为避免破坏基底土，应在基底标高以上预留 15～30cm 的土层由人工挖掘修整。

3. 钢板桩支护具有施工速度快，可重复使用的特点。

【答案】正确

【解析】钢板桩支护具有施工速度快，可重复使用的特点。

4. 常用的钢板桩有 U 型和 Z 型，还有直腹板式、H 型和组合式钢板桩。

【答案】正确

【解析】常用的钢板桩有 U 型和 Z 型，还有直腹板式、H 型和组合式钢板桩。

5. 各层标高除立皮数杆控制外，不能弹出室内水平线进行控制。

【答案】错误

【解析】楼层标高的控制：各层标高除立皮数杆控制外，还可弹出室内水平线进行控制。

6. 摆砖的目的是为了校对放出的墨线在门窗洞口、附墙垛等处是否符合砖的模数。

【答案】正确

【解析】摆砖的目的是为了校对放出的墨线在门窗洞口、附墙垛等处是否符合砖的模数、以尽可能减少砍砖，并使砌体灰缝均匀，组砌得当。

7. 当该层该施工面墙体砌筑完成后，应及时对墙面和落地灰进行清理。

【答案】正确

【解析】清理勾缝：当该层该施工面墙体砌筑完成后，应及时对墙面和落地灰进行清理。

8. 工具式模板，是针对工程结构构件的特点，研制开发的不可持续周转使用的专用性模板。

【答案】错误

【解析】工具式模板，是针对工程结构构件的特点，研制开发的可持续周转使用的专用性模板。

9. 交底是指施工方案的技术交底，由技术主管向施工技术员和班组长进行交底，交代清楚后分别签字负责。

【答案】正确

【解析】交底是指施工方案的技术交底，由技术主管向施工技术员和班组长进行交底，交代清楚后分别签字负责。

10. 混凝土应分层浇筑，分层捣实，但两层混凝土浇捣时间间隔不超过规范规定。

【答案】正确

【解析】混凝土应分层浇筑，分层捣实，但两层混凝土浇捣时间间隔不超过规范规定。

11. 火山灰质硅酸盐水泥和粉煤灰硅酸盐水泥拌制的混凝土不少于 7d。

【答案】错误

【解析】火山灰质硅酸盐水泥和粉煤灰硅酸盐水泥拌制的混凝土不少于 14d。

12. 在竖向结构中如浇灌高度超过 2m 时，应采用溜槽或串筒下料。

【答案】错误

【解析】浇筑应连续作业，在竖向结构中如浇灌高度超过 3m 时，应采用溜槽或串筒下料。

13. 用于振捣密实混凝土拌合物的机械，按其作业方式可分为：内部振动器、表面振动器、外部振动器和振动台。

【答案】正确

【解析】用于振捣密实混凝土拌合物的机械，按其作业方式可分为：内部振动器、表面振动器、外部振动器和振动台。

14. 混凝土结构或构件的施工过程，包括布料、振捣、抹平等工序。

【答案】正确

【解析】混凝土浇筑就是将混凝土放入已安装好的模板并振捣密实以形成符合要求的结构或构件的施工过程，包括布料、振捣、抹平等工序。

15. 埋弧焊又称焊剂层下自动电弧焊。

【答案】正确

【解析】埋弧焊：是当今生产效率较高的机械化焊接方法之一，又称焊剂层下自动电弧焊。

16. 高强度螺栓按拧紧力矩的 30％进行初拧。

【答案】错误

【解析】高强度螺栓按形状不同分为：大六角头型高强度螺栓和扭剪型高强度螺栓。大六角头型高强度螺栓一般采用指针式扭力（测力）扳手或预置式扭力（定力）扳手施加预应力，目前使用较多的是电动扭矩扳手，按拧紧力矩的 50％进行初拧，然后按 100％拧紧力矩进行终拧。

二、单选题

1. 在建筑施工中，按照施工开挖的难易程度将岩土分为（　　）类。

A. 六 　　　　　　　　　　　　　B. 七

C. 八 　　　　　　　　　　　　　D. 九

【答案】C

【解析】 在建筑施工中，按照施工开挖的难易程度将岩土分为八类。

2. 按照施工开挖的难易程度将土分为八类，用（   ）可以鉴别出是属于软石。

A. 用锄头挖掘   B. 用镐挖掘
C. 用风镐、大锤等   D. 用爆破方法

【答案】 C

【解析】 第五类（软石），现场鉴别方法：用风镐、大锤等。

3. 在地下水位以下挖土，应在基坑（槽）四侧或两侧挖好临时排水沟和集水井，或采用井点降水，将水位降低至坑、槽底以下（   ）mm。

A. 300   B. 400
C. 500   D. 600

【答案】 C

【解析】 在地下水位以下挖土，应在基坑（槽）四侧或两侧挖好临时排水沟和集水井，或采用井点降水，将水位降低至坑、槽底以下 500mm，以利土方开挖。

4. 皮数杆一般可每隔（   ）m 立一根。

A. 10～15   B. 12～15
C. 10～20   D. 12～20

【答案】 A

【解析】 皮数杆一般立于房屋的四大角、内外墙交接处、楼梯间以及洞口多的地方。一般可每隔 10～15m 立一根。

5. 下列不属于工具式模板的是（   ）。

A. 平面模板   B. 大模板
C. 滑动模板   D. 飞模

【答案】 A

【解析】 工具式模板是针对工程结构构件的特点，研制开发的可持续周转使用的专用性模板。包括大模板、滑动模板、爬升模板、飞模、模壳等。

6. 混凝土养护方法不包括下列的（   ）。

A. 自然养护   B. 蒸汽养护
C. 蓄热养护   D. 恒温养护

【答案】 D

【解析】 养护方法有：自然养护、蒸汽养护、蓄热养护等。

7. 不属于浇筑前的准备工作的是（   ）。

A. 交底   B. 交接
C. 清理   D. 退场

【答案】 D

【解析】 浇筑前的准备工作包括交底、交接、清理等。

8. 对混凝土进行自然养护，是指在平均气温高于（   ）℃的条件下于一定时间内使混凝土保持湿润状态。

A. 0   B. 5
C. 7   D. 10

【答案】B

【解析】对混凝土进行自然养护，是指在平均气温高于＋5℃的条件下于一定时间内使混凝土保持湿润状态。

9. 高强度螺栓按拧紧力矩的（ ）进行终拧。

A. 90％

B. 95％

C. 100％

D. 110％

【答案】C

【解析】高强度螺栓按形状不同分为：大六角头型高强度螺栓和扭剪型高强度螺栓。大六角头型高强度螺栓一般采用指针式扭力（测力）扳手或预置式扭力（定力）扳手施加预应力，目前使用较多的是电动扭矩扳手，按拧紧力矩的50％进行初拧，然后按100％拧紧力矩进行终拧。

10. 以下不是埋弧焊焊接的优点（ ）。

A. 质量稳定

B. 焊接生产率高

C. 无弧光

D. 无烟尘

【答案】D

【解析】埋弧焊焊接具有质量稳定、焊接生产率高、无弧光及烟尘少等优点。

第五章　施工项目管理

一、单选题

1. 以下不属于施工项目管理内容的是（　　）。
A. 施工项目的生产要素管理
B. 施工项目的合同管理
C. 施工项目的信息管理
D. 单体建筑的设计

【答案】D

【解析】施工项目管理包括以下八方面内容：（1）建立施工项目管理组织；（2）编制施工项目管理规划；（3）施工项目的目标控制；（4）施工项目的生产要素管理；（5）施工项目的合同管理；（6）施工项目的信息管理；（7）施工现场的管理；（8）组织协调。

2. 以下关于施工项目管理组织形式的表述，错误的是（　　）。
A. 施工项目管理组织的形式是指在施工项目管理组织中处理管理层次、管理跨度、部门设置和上下级关系的组织结构的类型
B. 施工项目主要的管理组织形式有工作队式、部门控制式、矩阵式、事业部式等
C. 工作队式项目组织是指主要由企业中有关部门抽出管理力量组成施工项目经理部的方式
D. 在施工项目实施过程中，应进行组织协调、沟通和处理好内部及外部的各种关系，排除各种干扰和障碍

【答案】D

【解析】施工项目管理组织的形式是指在施工项目管理组织中处理管理层次、管理跨度、部门设置和上下级关系的组织结构的类型。主要的管理组织形式有工作队式、部门控制式、矩阵式、事业部式等。工作队式项目组织是指主要由企业中有关部门抽出管理力量组成施工项目经理部的方式，企业职能部门处于服务地位。

3. 以下不属于项目经理部的性质的是（　　）。
A. 相对独立性
B. 综合性
C. 临时性
D. 工作任务的艰巨性

【答案】D

【解析】施工项目经理部的性质可以归纳为以下三个方面：①相对独立性；②综合性；③临时性。

4. 以下关于施工项目经理部综合性的描述，错误的是（　　）。
A. 施工项目经理部是企业所属的经济组织，主要职责是管理施工项目的各种经济活动
B. 施工项目经理部的管理职能是综合的，包括计划、组织、控制、协调、指挥等多方面
C. 施工项目经理部的管理业务是综合的，从横向看包括人、财、物、生产和经营活动，从纵向看包括施工项目寿命周期的主要过程

D. 施工项目经理部受企业多个职能部门的领导

【答案】D

【解析】施工项目经理部的综合性主要表现在以下几个方面：

1）施工项目经理部是企业所属的经济组织，主要职责是管理施工项目的各种经济活动。

2）施工项目经理部的管理职能是综合的，包括计划、组织、控制、协调、指挥等多方面。

3）施工项目经理部的管理业务是综合的，从横向看包括人、财、物、生产和经营活动，从纵向看包括施工项目寿命周期的主要过程。

5. 以下关于施工项目目标控制的表述，错误的是（　　）。

A. 施工项目目标控制问题的要素包括施工项目、控制目标、控制主体、实施计划、实施信息、偏差数据、纠偏措施、纠偏行为

B. 施工项目控制的目的是排除干扰、实现合同目标

C. 施工项目目标控制是实现施工目标的手段

D. 施工项目目标控制包括进度控制、质量控制和成本控制三个方面

【答案】D

【解析】施工项目控制的任务是以项目进度控制、质量控制、成本控制和安全控制为主要内容的四大目标控制。

6. 施工项目进度控制的措施主要有（　　）。

A. 组织措施、技术措施、合同措施、经济措施、信息管理措施等

B. 管理措施、技术措施、经济措施等

C. 行政措施、技术措施、经济措施等

D. 政策措施、技术措施、经济措施等

【答案】A

【解析】施工项目进度控制的措施主要有组织措施、技术措施、合同措施、经济措施和信息管理措施等。

7. 以下不属于施工项目质量控制措施的是（　　）。

A. 组织措施、技术措施、合同措施、经济措施、信息管理措施等

B. 加强施工项目的过程控制

C. 确保施工工序的质量

D. 提高施工的质量管理水平

【答案】A

【解析】施工项目质量控制的措施：

1）提高管理、施工及操作人员自身素质；

2）建立完善的质量保证体系；

3）加强原材料质量控制；

4）提高施工的质量管理水平；

5）确保施工工序的质量；

6）加强施工项目的过程控制。

8. 以下不属于施工项目安全控制措施的是（　　　）。

A. 安全制度措施　　　　　　　　　B. 安全组织措施

C. 安全技术措施　　　　　　　　　D. 安全行政措施

【解析】施工项目安全控制的措施：

1）安全制度措施；

2）安全组织措施；

3）安全技术措施。

9. 以下不属于施工项目安全组织措施的是（　　　）。

A. 建立施工项目安全组织系统

B. 建立与项目安全组织系统相配套的各专业、各部门、各生产岗位的安全责任系统

C. 建立项目经理的安全生产职责及项目班子成员的安全生产职责

D. 技术措施、合同措施、经济措施、信息管理措施等

【答案】D

【解析】安全组织措施：

1）建立施工项目安全组织系统。

2）建立与项目安全组织系统相配套的各专业、各部门、各生产岗位的安全责任系统。

3）建立项目经理的安全生产职责及项目班子成员的安全生产职责。

4）作业人员安全纪律。

10. 施工项目成本控制的措施是（　　　）。

A. 组织措施、技术措施、经济措施

B. 控制人工费用、控制材料费、控制机械费用、控制间接费及其他直接费

C. 首先，制定先进合理的施工方案和施工工艺，合理布置施工现场，不断提高工程施工工业化、现代化水平；其次，在施工过程中大力推广各种降低消耗、提高工效的新工艺、新技术、新材料、新设备和其他能降低成本的技术革新措施，提高经济效益；最后，加强施工过程中的技术质量检验制度和力度，严把质量关，提高工程质量，杜绝返工现象和损失，减少浪费

D. 第一，选择经验丰富、能力强的项目经理；第二，使用专业知识丰富、责任心强、有一定施工经验的工程师作为工程项目的技术负责人；第三，配置外向型的工程师或懂技术的人员负责工程进度款的申报和催款工作，处理施工赔偿问题，加强合同预算管理，增加工程项目的合同外收入；第四，财务部门应随时分析项目的财务收支情况，及时为项目经理提供项目部的资金状况，合理调度资金，减少资金使用费和其他不必要的费用支出

【答案】A

【解析】施工项目安全控制的措施：1）组织措施；2）技术措施；3）经济措施。

11. 以下不属于施工资源管理任务的是（　　　）。

A. 规划及报批施工用地　　　　　　B. 确定资源的分配计划

C. 编制资源进度计划　　　　　　　D. 施工资源进度计划的执行和动态调整

【答案】A

【解析】施工资源管理的任务：1）确定资源类型及数量；2）确定资源的分配计划；

3）编制资源进度计划；4）施工资源进度计划的执行和动态调整。

12. 以下不属于施工项目现场管理内容的是（　　　　）。

A. 建立施工现场管理组织

B. 建立文明施工现场

C. 及时清场转移

D. 根据施工工程任务需要及时调整项目经理部

【答案】D

【解析】施工项目现场管理的内容：1）规划及报批施工用地；2）设计施工现场平面图；3）建立施工现场管理组织；4）建立文明施工现场；5）及时清场转移。

二、多选题

1. 下列哪些是施工项目管理具有哪些特点：（　　　　）。

A. 主体是建筑企业　　　　　　　　B. 对象是施工项目

C. 内容是按阶段变化的　　　　　　D. 要求强化组织协调工作

E. 作业人员以农民工等低素质人员为主

【答案】ABCD

【解析】施工项目管理具有如下特点：

1）施工项目管理的主体是建筑企业；

2）施工项目管理的对象是施工项目；

3）施工项目管理的内容是按阶段变化的；

4）施工项目管理要求强化组织协调工作。

2. 施工项目具有以下特征：（　　　　）。

A. 施工项目是建设项目或其中单项工程、单位工程的施工活动过程

B. 承接的工程是房屋建筑工程施工

C. 建筑产品具有多样性、固定性、体积较大的特点

D. 建筑企业是施工项目的管理主体

E. 施工项目的任务范围是由施工合同界定的

【答案】ACDE

【解析】施工项目具有以下特征：（　　　　）。

1）施工项目是建设项目或其中单项工程、单位工程的施工活动过程；

2）建筑企业是施工项目的管理主体；

3）施工项目的任务范围是由施工合同界定的；

4）建筑产品具有多样性、固定性、体积庞大的特点。

3. 施工项目生产活动具有（　　　　）。

A. 独特性　　　　　　　　　　　　B. 流动性

C. 施工的特殊性　　　　　　　　　D. 工期长

E. 施工条件复杂

【答案】ABD

【解析】施工项目生产活动具有独特性（单件性）、流动性，需露天作业，工期长，需

要资源多。

4. 施工项目管理具有以下特点（　　　）。

A. 施工项目管理的主体是建筑企业

B. 施工项目管理的对象是施工项目

C. 建筑产品具有多样性、固定性、体积庞大的特点

D. 施工项目管理的内容是按阶段变化的

E. 施工项目管理要求强化组织协调工作

【答案】ABDE

【解析】施工项目管理具有以下特点：

1) 施工项目管理的主体是建筑企业；

2) 施工项目管理的对象是施工项目；

3) 施工项目管理的内容是按阶段变化的；

4) 施工项目管理要求强化组织协调工作。

5. 以下属于施工项目管理内容的是（　　　）。

A. 施工项目的生产要素管理　　　　B. 施工项目的合同管理

C. 施工项目的信息管理　　　　　　D. 单体建筑的设计

E. 施工现场的管理

【答案】ABCE

【解析】施工项目管理包括以下八方面内容：（1）建立施工项目管理组织；（2）编制施工项目管理规划；（3）施工项目的目标控制；（4）施工项目的生产要素管理；（5）施工项目的合同管理；（6）施工项目的信息管理；（7）施工现场的管理；（8）组织协调。

6. 项目经理部的技术管理部门的主要工作有（　　　）。

A. 负责生产调度　　　　　　　　　B. 负责文明施工

C. 负责技术管理　　　　　　　　　D. 负责工程质量

E. 负责合同与索赔

【答案】ABC

【解析】技术管理部门。主要负责生产调度、文明施工、劳动管理、技术管理、施工组织设计、计划统计等工作。

7. 项目经理部质量安全监控部门的主要工作有（　　　）。

A. 工程质量管理　　　　　　　　　B. 项目安全管理

C. 项目消防管理　　　　　　　　　D. 材料运输管理

E. 项目成本管理

【答案】ABC

【解析】质量安全监控管理部门。主要负责工程质量、安全管理、消防保卫、环境保护等工作。

8. 项目部一般设置最基本的岗位有（　　　）。

A. 施工员　　　　B. 劳务员　　　　C. 质量员　　　　D. 安全员

E. 机械员

【答案】ACD

【解析】项目部设置最基本的六大岗位：施工员、质量员、安全员、资料员、造价员、测量员。

9. 施工项目管理组织的主要形式有（　　）。

A. 工作队项目组织　　　　　　　　　B. 项目经理式项目组织

C. 部门控制式项目组织　　　　　　　D. 矩阵式项目组织

E. 班组式项目组织

【答案】ACD

【解析】施工项目管理组织的主要形式：

1）工作队项目组织；

2）部门控制式项目组织；

3）矩阵式项目组织；

4）事业部式项目组织。

10. 项目经理部物质设备供应部门的主要工作有（　　）。

A. 劳动管理　　　　　　　　　　　　B. 工程预结算

C. 资金收支　　　　　　　　　　　　D. 材料的询价

E. 机械设备的租赁配套使用

【答案】DE

【解析】物质设备供应部门。主要负责材料的询价、采购、计划供应、管理、运输、工具管理，机械设备的租赁配套使用等工作。

11. 项目施工的质量特性表现在（　　）。

A. 适用性　　　　B. 耐久性　　　　C. 安全性　　　　D. 可靠性

E. 经济性

【答案】ABCDE

【解析】项目施工的质量特性主要表现在以下六个方面：1）适用性；2）耐久性；3）安全性；4）可靠性；5）经济性；6）环境的协调性。

12. 施工项目目标控制的任务包括（　　）。

A. 进度控制　　　　　　　　　　　　B. 质量控制

C. 成本控制　　　　　　　　　　　　D. 材料消耗控制

E. 盈利目标控制

【答案】ABC

【解析】施工目标控制的任务是以项目进度控制、质量控制、成本控制和安全控制为主要内容的四大目标控制。

13. 施工项目进度控制的主要措施有（　　）。

A. 组织措施　　　　　　　　　　　　B. 技术措施

C. 合同措施　　　　　　　　　　　　D. 成本措施

E. 管理措施

【答案】ABC

【解析】施工项目进度控制的措施主要有组织措施、技术措施、合同措施、经济措施和信息管理措施等。

第六章　工程力学的基本知识

一、判断题

1. 二力平衡的充要条件是两个力大小相等、方向相反。

【答案】错误

【解析】作用于刚体上的两个力使刚体处于平衡的充分和必要条件是：两个力大小相等，方向相反，并作用于同一直线上。

2. 力的三要素，即力的大小、力的方向和力的作用距离。

【答案】错误

【解析】力对物体作用的效应取决于力的大小、力的方向和作用点，称为力的三要素。

3. 平面汇交力系合成的结果是一个合力，合力的矢量等于力系中各力的矢量和。

【答案】正确

【解析】平面汇交力系合成的结果是一个合力，合力的矢量等于力系中各力的矢量和。

4. 力矩是力与力臂的乘积。

【答案】正确

【解析】力矩是使物体转动的力乘以力到转轴或点的距离。

5. 把大小相等、方向相反、作用线不在同一直线上，使物体转动的两个平行力，称为力偶。

【答案】正确

【解析】作用在物体上大小相等、方向相反但不共线的一对平行力称为力偶。

6. 多跨静定梁在工程中常用于桥梁和房屋结构中。

【答案】正确

【解析】常见的单跨静定梁包括简支梁、悬臂梁和伸臂梁。多跨静定梁在工程中常用于桥梁和房屋结构中。

7. 多跨静定梁是由若干根单跨静定梁铰接而成的静定结构，在工程中常用于桥梁和房屋结构中。

【答案】正确

【解析】多跨静定梁是由若干根单跨静定梁铰接而成的静定结构，在工程中常用于桥梁和房屋结构中。

8. 杆件的基本变形有轴向拉伸或轴向压缩、剪切、扭转、弯曲、组合变形几种。

【答案】正确

【解析】杆件的基本变形：（1）轴向拉伸或轴向压缩；（2）剪切；（3）扭转；（4）弯曲；（5）组合变形。

9. 力作用在物体上会引起物体形状和尺寸的改变，这些变化称为变形。

【答案】正确

【解析】力作用在物体上会引起物体形状和尺寸的改变，这些变化称为变形。

10. 金属在外力（静载荷）作用下，所表现的抵抗塑性变形或破坏的能力称为强度。

【答案】正确

【解析】金属材料在外力作用下抵抗塑性变形和断裂的能力称为强度。

11. 刚度表示了材料或结构抵抗弹性变形的能力。

【答案】正确

【解析】刚度是弹性元件上的力或力矩的增量与相应的位移或角位移的增量之比，刚度表示了材料或结构抵抗变形的能力。

12. 杆件的变形通常用横截面处形心的竖向位移和横截面的转角这两个量来度量。

【答案】正确

【解析】杆件的变形通常用横截面处形心的竖向位移和横截面的转角这两个量来度量。

二、单选题

1. 下列哪项不属于力的三要素（   ）。

A. 方向　　　　　　　　　　　B. 作用点

C. 力的单位　　　　　　　　　D. 大小

【答案】C

【解析】力对物体作用的效应取决于力的大小、力的方向和作用点，称为力的三要素。

2. 在国际单位制中，力的单位是（   ）。

A. 牛顿（N）　　　　　　　　B. 千克（kg）

C. 千米（km）　　　　　　　 D. 千瓦（kW）

【答案】A

【解析】在国际单位制（SI）中，力的单位为 N（牛顿），或 kN（千牛顿）。

3. 作用于刚体上的两个力使刚体处于平衡的充分和必要条件是（   ）。

A. 两力大小相等，作用于同一点上

B. 两力大小相等，方向相反，并作用于同一直线上

C. 两力大小相等，方向相反

D. 两力大小相等，方向相同，并作用于同一点上

【答案】B

【解析】作用与刚体上的两个力使刚体处于平衡的充分和必要条件是：两个力大小相等，方向相反，并作用于同一直线上。

4. 约束杆件对被约束杆件的反作用力，称为（   ）。

A. 压力　　　　B. 弹性力　　　　C. 约束反力　　　　D. 支承力

【答案】C

【解析】物体受到约束时，物体与约束之间存在着相互作用力，约束对被约束物体的作用力称为约束反力，简称反力。

5. 力的作用效果中促使或限制物体运动状态的改变，称为力的（   ）。

A. 运动效果　　　　　　　　　B. 变形效果

C. 强度效果　　　　　　　　　D. 刚度效果

【答案】A

【解析】物体在力的作用下运动状态发生改变的效应称为运动效应或外效应。

6. 如图所示汇交力系的力多边形表示（   ）。

A. 力系的合力等于零

B. 力系的合力是 R

C. 力系的合力是 Q

D. 力系的主矩不为零

【答案】A

【解析】平面汇交力系合成的结果是一个合力，合力的矢量等于力系中各力的矢量和。

7. 按照力系中各力的作用线在空间中分布的不同形式，哪项不属于其分类（   ）。

A. 汇交力系

B. 平面力系

C. 平行力系

D. 一般力系

【答案】B

【解析】力系按照其中各力的作用线在空间中分布的不同形式，可分为汇交力系、平行力系和一般力系。

8. 图示杆件的作用力 F 对杆端 O 点的力矩 $M_o(F)＝$（   ）。

A. Fa

B. $-Fa$

C. Fl

D. $-Fl$

【答案】B

【解析】力矩是使物体转动的力乘以力到转轴或点的距离。

9. 把大小相等、方向相反、作用线不在同一直线上，使物体转动的两个平行力，称为（   ）。

A. 力矩

B. 力

C. 力偶

D. 作用力与反作用力

【答案】C

【解析】作用在物体上大小相等、方向相反但不共线的一对平行力称为力偶。

10. 下列哪项不属于常见的单静定梁（   ）。

A. 简支梁   B. 悬臂梁   C. 多跨静定梁   D. 伸臂梁

【答案】C

【解析】常见的单跨静定梁包括简支梁、悬臂梁和伸臂梁。

11. 下列哪项不属于假设杆件的材料所具有的特性（   ）。

A. 连续性

B. 均匀性

C. 各向同性

D. 经济性

【答案】D

【解析】在对杆件的受力分析过程中，假设杆件的材料是连续性的、均匀性的、各向同性的，则在受力过程中发生的变形为小变形。

12. 在工程实际中，杆件会在外力作用下发生不同形式的变形，下列哪几项不属于其基本变形（　　）。

A. 弯曲　　　　　　　　　　　　B. 压缩

C. 裂缝　　　　　　　　　　　　D. 剪切

【答案】C

【解析】杆件的基本变形：（1）轴向拉伸或轴向压缩；（2）剪切；（3）扭转；（4）弯曲；（5）组合变形。

13. 杆件在一对大小相等、转向相反、作用面垂直于杆件轴线的力偶作用下，相邻横截面绕轴线发生相对转动，这种变形称为（　　）。

A. 弯曲　　　　　　　　　　　　B. 压缩

C. 扭转　　　　　　　　　　　　D. 剪切

【答案】C

【解析】杆件在一对大小相等、转向相反、作用面垂直于杆件轴线的力偶作用下，相邻横截面绕轴线发生相对转动，这种变形称为扭转。

14. 杆件主要承受轴向力，通常称为二力体的是（　　）。

A. 单跨静定梁　　　　　　　　　B. 多跨静定梁

C. 桁架　　　　　　　　　　　　D. 伸臂梁

【答案】C

【解析】桁架是由若干直杆构成，且所有杆件的两端均用铰连接时构成的几何不变体，其杆件主要承受轴向力，通常称为二力体。

15. 金属在外力（静载荷）作用下，所表现的抵抗塑性变形或破坏的能力称为（　　）。

A. 强度　　　　B. 刚度　　　　C. 硬度　　　　D. 韧性

【答案】A

【解析】金属材料在外力作用下抵抗塑性变形和断裂的能力称为强度。

16. 低碳钢试件拉伸试验中，材料的应力和应变基本呈直线关系的是（　　）。

A. 弹性阶段　　　　　　　　　　B. 屈服阶段

C. 强化阶段　　　　　　　　　　D. 颈缩阶段

【答案】A

【解析】弹性阶段材料的应力和应变基本呈直线关系。

17. 低碳钢试件拉伸试验中，应力基本不变的阶段是（　　）。

A. 弹性阶段　　　　　　　　　　B. 屈服阶段

C. 强化阶段　　　　　　　　　　D. 颈缩阶段

【答案】B

【解析】屈服阶段。此阶段因应力超过弹性极限，使材料发生永久变形，此阶段应力基本不变。

18. 低碳钢试件拉伸试验中，试件开始均匀变得细长的阶段是（　　）。

A. 弹性阶段　　　　　　　　　　B. 屈服阶段

C. 强化阶段　　　　　　　　　　D. 颈缩阶段

【答案】C

【解析】强化阶段。此阶段应力可以继续增加，应变也继续增大，试件开始均匀变得细长。

19. 低碳钢试件拉伸试验中，应力值呈下降状态的阶段是（   ）。

A. 弹性阶段 　　　　　　　　　　B. 屈服阶段

C. 强化阶段 　　　　　　　　　　D. 颈缩阶段

【答案】D

【解析】颈缩阶段。应力超过极限应力后，横截面积不再沿整个长度减小，而是在某一区域急剧减小，出现颈缩，颈缩阶段应力值呈下降状态，直至试件断裂。

20. 金属材料受力时能抵抗弹性变形的能力称为（   ）。

A. 强度 　　　　　　　　　　　　B. 刚度

C. 硬度 　　　　　　　　　　　　D. 韧性

【答案】B

【解析】刚度是弹性元件上的力或力矩的增量与相应的位移或角位移的增量之比，刚度表示了材料或结构抵抗变形的能力。

三、多选题

1. 力的三要素是指（   ）。

A. 力的大小 　　　　　　　　　　B. 力的效果

C. 力的方向 　　　　　　　　　　D. 力的作用点

E. 力的状态

【答案】ACD

【解析】力对物体作用的效应取决于力的大小、力的方向和作用点，称为力的三要素。

2. 力系按照其中各力的作用线在空间中分布的不同形式，可分为（   ）。

A. 汇交力系 　　　　　　　　　　B. 平面力系

C. 平行力系 　　　　　　　　　　D. 一般力系

E. 空间力系

【答案】ACD

【解析】力系按照其中各力的作用线在空间中分布的不同形式，可分为汇交力系、平行力系和一般力系。

3. 在对杆件的受力分析过程中，一般假设杆件的材料具有如下那些特性（   ）。

A. 连续性 　　　　　　　　　　　B. 均匀性

C. 各向同性 　　　　　　　　　　D. 经济性

E. 可靠性

【答案】ABC

【解析】在对杆件的受力分析过程中，假设杆件的材料是连续性的、均匀性的、各向同性的，则在受力过程中发生的变形为小变形。

4. 下列哪项属于常见的单静定梁（   ）。

A. 简支梁 　　　　　　　　　　　B. 悬臂梁

C. 桥梁　　　　　　　　　　　　D. 伸臂梁

E. 桁架

【解析】常见的单跨静定梁包括简支梁、悬臂梁和伸臂梁。

5. 桁架的杆件，下列属于腹杆的是（　　）。

A. 上弦杆　　　　B. 斜杆　　　　C. 下弦杆　　　　D. 竖杆

E. 横杆

【解析】桁架的杆件按照位置不同，可分为弦杆和腹杆，弦杆是组成水平桁架上下边缘的杆件，包括上弦杆和下弦杆；腹杆是上下弦杆之间的联系杆件，包括斜杆和竖杆。

6. 在工程实际中，杆件会在外力作用下发生不同形式的变形，下列哪几项属于其基本变形（　　）。

A. 弯曲　　　　　　　　　　　　B. 压缩

C. 扭转　　　　　　　　　　　　D. 剪切

E. 拉伸

【解析】杆件的基本变形：（1）轴向拉伸或轴向压缩；（2）剪切；（3）扭转；（4）弯曲；（5）组合变形。

7. 以下哪几项属于低碳钢试件拉伸试验的四个阶段（　　）。

A. 弹性阶段　　　　　　　　　　B. 屈服阶段

C. 强化阶段　　　　　　　　　　D. 颈缩阶段

E. 结束阶段

【解析】低碳钢试件拉伸试验可分为四个阶段：（1）弹性阶段；（2）屈服阶段；（3）强化阶段；（4）颈缩阶段。

8. 杆件的变形通常用以下哪几个量来度量（　　）。

A. 横截面处形心的横向位移　　　B. 横截面处形心的竖向位移

C. 横截面的转角　　　　　　　　D. 横截面的位移

E. 横截面的转矩

【解析】杆件的变形通常用横截面处形心的竖向位移和横截面的转角这两个量来度量。

第七章　机械设备的基础知识

一、判断题

1. 齿轮传动一般不适宜承受剧烈的冲击和过载。

【答案】正确

【解析】齿轮传动一般不适宜承受剧烈的冲击和过载。

2. 齿顶高是介于分度圆与齿根圆之间的轮齿部分的径向高度。

【答案】错误

【解析】齿顶高：介于分度圆与齿顶圆之间的轮齿部分的径向高度。

3. 蜗杆传动由蜗杆、涡轮组成，蜗杆一般为主动件，蜗轮为从动件。

【答案】正确

【解析】蜗杆传动由蜗杆、涡轮组成，蜗杆一般为主动件，蜗轮为从动件。

4. 传动带、主动轮、从动轮是带传动的重要组成部分。

【答案】正确

【解析】带传动通常是由机架、传动带、带轮（主动轮和从动轮）、张紧装置等部分组成。

5. 螺纹连接制造简单，但精度较低。

【答案】错误

【解析】螺纹连接是利用螺纹零件构成的一种可拆卸连接，具有以下特点：
1）螺纹拧紧时能产生很大的轴向力；
2）它能方便地实现自锁；
3）外形尺寸小；
4）制造简单，能保持较高的精度。

6. 螺纹连接由螺纹紧固件和连接件上的内外螺纹组成。

【答案】正确

【解析】螺纹连接由螺纹紧固件和连接件上的内外螺纹组成。

7. 高强度螺栓按照施工工艺区分可分为大六角高强度螺栓和扭剪型高强度螺栓。

【答案】正确

【解析】高强度螺栓按照施工工艺区分可分为大六角高强度螺栓和扭剪型高强度螺栓。

8. 高强度螺栓按照受力强度可以分为摩擦型和承压型。

【答案】正确

【解析】高强度螺栓按照受力强度可以分为摩擦型和承压型。

9. 液压传动系统中，执行元件把油液的液压能转换成机械能，以驱动工作部件运动。

【答案】正确

【解析】执行元件——液压缸或液压马达，把油液的液压能转换成机械能，以驱动工作部件运动。

10. 换向阀是利用阀芯相对于阀体的相对运动，使油路接通、断开或变换液压油的流动方向，从而使液压执行元件启动、停止或改变运动方向。

【答案】正确

【解析】换向阀是利用阀芯相对于阀体的相对运动，使油路接通、断开或变换液压油的流动方向，从而使液压执行元件启动、停止或改变运动方向。

11. 液压回路指的是由有关液压元件组成的用来完成特定功能的油路结构。

【答案】正确

【解析】液压回路指的是由有关液压元件组成，用来完成特定功能的油路结构。

二、单选题

1. 相邻两齿的同侧齿廓之间的分度圆弧长是（　　　）。

A. 齿厚
B. 槽宽
C. 齿距
D. 齿宽

【答案】C

【解析】齿距：分度圆周上量得的相邻两齿同侧齿廓间的弧长。

2. 下列哪项不属于两齿轮轴线的相对位置（　　　）。

A. 两轴平行
B. 两轴不在同一箱体
C. 两轴相交
D. 两周交错

【答案】B

【解析】按两齿轮轴线的相对位置，可分为两轴平行、两轴相交和两轴交错三类。

3. 分度圆周上量得的齿轮两侧间的弧长是（　　　）。

A. 齿厚
B. 槽宽
C. 齿距
D. 齿宽

【答案】A

【解析】齿厚：分度圆周上量得的齿轮两侧间的弧长，用 s 表示。

4. 分度圆周上量得的相邻两齿齿廓间的弧长是（　　　）。

A. 齿厚
B. 槽宽
C. 齿距
D. 齿宽

【答案】B

【解析】齿槽宽：分度圆周上量得的相邻两齿齿廓间的弧长，用 e 表示。

5. 下列哪项不属于蜗杆传动的特点（　　　）。

A. 传动效率高
B. 传动比大
C. 工作平稳，噪声小
D. 具有自锁作用

【答案】A

【解析】蜗杆的传动特点：1）传动比大；2）工作平稳，噪声小；3）具有自锁作用；4）传动效率低；5）价格昂贵。

6. 下列传动方式中，成本比较高的是（　　　）。

A. 齿轮传动
B. 蜗杆传动
C. 带传动
D. 链传动

【答案】B

【解析】蜗杆传动一般需采用贵重的有色金属（如青铜等）来制造，加工也比较复杂，这就提高了制造成本。

7. （   ）是通过摩擦力来传递动力的，传递过载时，会发生打滑，可以防止其他零件的损坏，起到安全保护作用。

A. 链　　　　　　　　　　　　　B. 齿轮

C. 皮带传动　　　　　　　　　　D. 涡轮蜗杆

【答案】C

【解析】传动带具有良好的弹性，能缓冲吸振，传动较平稳，噪声小，过载时带在带轮上打滑，可以防止其他器件损坏。

8. 两个或多个带轮之间用带作为挠性拉拽零件的传动装置是（   ）。

A. 链传动　　　　　　　　　　　B. 齿轮传动

C. 带传动　　　　　　　　　　　D. 蜗杆传动

【答案】C

【解析】带传动两个或多个带轮之间用带作为挠性拉拽零件的传动装置。

9. 结构简单、效率较高，适合于传动中心距较大情况的是（   ）。

A. 平带传动　　　　　　　　　　B. V带传动

C. 多楔带传动　　　　　　　　　D. 同步带传动

【答案】A

【解析】平带传动：特点是结构简单、效率较高，适合于传动中心距较大的情况。

10. 下列带传动类型中，运行较平稳的是（   ）。

A. 平带传动　　　　　　　　　　B. V带传动

C. 多楔带传动　　　　　　　　　D. 同步带传动

【答案】B

【解析】V带传动特点是运行较平稳。

11. 下列带传动类型中，多用于结构紧凑的大功率传动中的是（   ）。

A. 平带传动　　　　　　　　　　B. V带传动

C. 多楔带传动　　　　　　　　　D. 同步带传动

【答案】C

【解析】多楔带传动是平带基本上有若干纵向楔形凸起，它兼有平带和V带的优点且弥补其不足之处，多用于结构紧凑的大功率传动中。

12. 下列带传动类型中，依靠带内周的等距横向齿与带轮相应齿槽间的啮合来传递运动和动力的是（   ）。

A. 平带传动　　　　　　　　　　B. V带传动

C. 多楔带传动　　　　　　　　　D. 同步带传动

【答案】D

【解析】同步带传动是一种啮合传动，依靠带内周的等距横向齿与带轮相应齿槽间的啮合来传递运动和动力。

13. 螺纹的公称直径是指螺纹（   ）的基本尺寸。

A. 外径 　　　　　　　　　　　B. 小径

C. 内径 　　　　　　　　　　　D. 中径

【解析】 外径 d——与外螺纹牙顶相重合的假象圆柱面直径，亦称公称直径。

14. 螺纹的螺距是指螺纹相邻两牙在（　　）线上对应点的轴向距离。

A. 大径 　　　　　　　　　　　B. 小径

C. 中径 　　　　　　　　　　　D. 外径

【答案】C

【解析】 螺距 P——相邻两牙在中径圆柱面的母线上对应两点间的轴向距离。

15. 导程、螺距、线数的关系是（　　）。

A. 导程＝螺距×线数 　　　　　　B. 螺距＝导程×线数

C. 线数＝导程×螺距

【答案】A

【解析】 导程、线数、螺距之间关系：$S＝nP$。（导程：S，线数：n，螺距：P）

16. 传动效率较其他螺纹较高的是（　　）。

A. 三角形螺纹 　　　　　　　　B. 矩形螺纹

C. 梯形螺纹 　　　　　　　　　D. 锯齿形螺纹

【答案】B

【解析】 矩形螺纹：其传动效率较其他螺纹高，但牙根强度弱，螺旋副磨损后，间隙难以修复和补偿，传动精度较低。

17. 最常用的传动螺纹是（　　）。

A. 三角形螺纹 　　　　　　　　B. 矩形螺纹

C. 梯形螺纹 　　　　　　　　　D. 锯齿形螺纹

【答案】C

【解析】 梯形螺纹是最常用的传动螺纹。

18. 牙形为不等腰梯形的是（　　）。

A. 三角形螺纹 　　　　　　　　B. 矩形螺纹

C. 梯形螺纹 　　　　　　　　　D. 锯齿形螺纹

【答案】D

【解析】 锯齿形螺纹：牙形为不等腰梯形。

19. 螺纹连接的类型中，被连接件不太厚，螺杆带钉头，通孔不带螺纹，螺杆通过通孔与螺母配合使用的是（　　）。

A. 普通螺栓连接 　　　　　　　B. 铰制孔螺栓连接

C. 双头螺柱连接 　　　　　　　D. 螺钉连接

【答案】A

【解析】 普通螺栓连接：被连接件不太厚，螺杆带钉头，通孔不带螺纹，螺杆通过通孔与螺母配合使用。

20. 螺纹连接的类型中，装配后无间隙，主要承受横向载荷，也可作定位用，采用基孔制配合铰制孔螺栓连接的是（　　）。

A. 普通螺栓连接　　　　　　　　　B. 铰制孔螺栓连接

C. 双头螺柱连接　　　　　　　　　D. 螺钉连接

【答案】B

【解析】铰制孔螺栓连接：装配后无间隙，主要承受横向载荷，也可作定位用，采用基孔制配合铰制孔螺栓连接。

21. 螺纹连接的类型中，适用于常拆卸而被连接件之一较厚的是（　　）。

A. 普通螺栓连接　　　　　　　　　B. 铰制孔螺栓连接

C. 双头螺柱连接　　　　　　　　　D. 螺钉连接

【答案】C

【解析】双头螺柱连接适用于常拆卸而被连接件之一较厚时。

22. 螺纹连接的类型中，不需经常拆装的是（　　）。

A. 普通螺栓连接　　　　　　　　　B. 铰制孔螺栓连接

C. 双头螺柱连接　　　　　　　　　D. 螺钉连接

【答案】D

【解析】螺钉连接不需经常拆装。

23. 下列高强度螺栓中，连接副是由一个螺栓、一个螺母、两个垫圈组成为一套，安装时螺栓和螺母每侧配备一个垫圈的是（　　）。

A. 大六角高强度螺栓　　　　　　　B. 摩擦型高强度螺栓

C. 承压型高强度螺栓　　　　　　　D. 扭剪型高强度螺栓

【答案】A

【解析】大六角高强度螺栓的连接副是由一个螺栓、一个螺母、两个垫圈组成为一套，安装时螺栓和螺母每侧配备一个垫圈。

24. 下列高强度螺栓中，连接副是由一个螺栓、一个螺母、一个垫圈组成为一套的是（　　）。

A. 大六角高强度螺栓　　　　　　　B. 摩擦型高强度螺栓

C. 承压型高强度螺栓　　　　　　　D. 扭剪型高强度螺栓

【答案】D

【解析】扭剪型高强度螺栓的连接副是由一个螺栓、一个螺母、一个垫圈组成为一套。

25. 下列哪种液压阀常在液压系统中起安全保护作用（　　）。

A. 减压阀　　　　　　　　　　　　B. 顺序阀

C. 换向阀　　　　　　　　　　　　D. 溢流阀

【答案】D

【解析】溢流阀的安全保护作用：系统正常工作时，阀门关闭。

26. 溢流阀是属于（　　）。

A. 压力控制阀　　　　　　　　　　B. 方向控制阀

C. 流量控制阀　　　　　　　　　　D. 流速控制阀

【答案】A

【解析】在液压系统中，控制液压系统中的压力或利用系统中压力的变化来控制某些液压元件动作的阀，称为压力控制阀。按其功能和用途不同分为溢流阀、减压阀、顺序阀等。

27. 液压传动系统中，（   ）是执行元件。

A. 液压泵　　　　　　　　　　B. 液压缸

C. 各种阀　　　　　　　　　　D. 油箱

【答案】B

【解析】执行元件——液压缸或液压马达，把油液的液压能转换成机械能，以驱动工作部件运动。

28. 利用阀芯和阀体间的相对运动，来变换油液流动方向，起到接通或关闭油路作用的方向控制阀是（   ）。

A. 调速阀　　　　　　　　　　B. 换向阀

C. 溢流阀　　　　　　　　　　D. 节流阀

【答案】B

【解析】换向阀是利用阀芯相对于阀体的相对运动，使油路接通、断开或变换液压油的流动方向，从而使液压执行元件启动、停止或改变运动方向。

三、多选题

1. 齿轮传动种类的分类中，按两齿轮轴线的相对位置，可分为（   ）。

A. 两轴平行　　　　　　　　　B. 两轴垂直

C. 两轴相交　　　　　　　　　D. 两轴交错

E. 两轴共线

【答案】ACD

【解析】按两齿轮轴线的相对位置，可分为两轴平行、两轴相交和两轴交错三类。

2. 齿轮传动种类的分类中，按工作条件可分为（   ）。

A. 开式传动　　　　　　　　　B. 半开式传动

C. 普通传动　　　　　　　　　D. 闭式传动

E. 半闭式传动

【答案】ABD

【解析】按工作条件分：开式传动、半开式传动、闭式传动。

3. 齿轮传动种类的分类中，按齿形可分为（   ）。

A. 渐开线齿　　　　　　　　　B. 摆线齿

C. 圆弧齿　　　　　　　　　　D. 三角齿

E. 梯形齿

【答案】ABC

【解析】按齿形分：渐开线齿、摆线齿、圆弧齿。

4. 下列哪几项属于蜗杆传动的特点（   ）。

A. 传动效率高　　　　　　　　B. 传动比大

C. 工作平稳，噪声小　　　　　D. 价格便宜

E. 具有自锁作用

【答案】BCE

【解析】蜗杆的传动特点：1）传动比大；2）工作平稳，噪声小；3）具有自锁作用；

4）传动效率低；5）价格昂贵。

5. 按照蜗杆类型蜗杆形状不同，蜗杆传动可分为（　　）。

A. 圆柱蜗杆形状　　　　　　　　B. 环面蜗杆形状

C. 梯形蜗杆形状　　　　　　　　D. 锥蜗杆形状

E. 三角蜗杆形状

【答案】ABD

【解析】按照蜗杆类型蜗杆形状不同，蜗杆传动可分为圆柱蜗杆形状、环面蜗杆形状和锥蜗杆形状。

6. 以下属于摩擦型带传动的是（　　）。

A. 平带传动　　　　　　　　　　B. V带传动

C. 多楔带传动　　　　　　　　　D. 同步带传动

E. 链传动

【答案】AB

【解析】摩擦型带传动：①平带传动；②V带传动。

7. 以下属于啮合型带传动的是（　　）。

A. 平带传动　　　　　　　　　　B. V带传动

C. 多楔带传动　　　　　　　　　D. 同步带传动

E. 链传动

【答案】CD

【解析】啮合型带传动：①多楔带传动；②同步带传动。

8. 以下属于螺纹连接特点的是（　　）。

A. 螺纹拧紧时能产生很大的轴向力　　B. 它能方便地实现自锁

C. 外形尺寸小　　　　　　　　　D. 制造简单，能保持较高的精度

E. 外形尺寸大

【答案】ABCD

【解析】螺纹连接是利用螺纹零件构成的一种可拆卸链接，具有以下特点：

1）螺纹拧紧时能产生很大的轴向力；

2）它能方便地实现自锁；

3）外形尺寸小；

4）制造简单，能保持较高的精度。

9. 以下属于三角形螺纹的是（　　）。

A. 普通螺纹　　　　　　　　　　B. 非螺纹密封的管螺纹

C. 用螺纹密封的管螺纹　　　　　D. 米制锥螺纹

E. 锯齿螺纹

【答案】ABCD

【解析】三角形螺纹：1）普通螺纹；2）非螺纹密封的管螺纹；3）用螺纹密封的管螺纹；4）米制锥螺纹。

10. 以下属于螺纹连接类型的是（　　）。

A. 普通螺栓连接　　　　　　　　B. 铰制孔螺栓连接

C. 双头螺柱连接

D. 螺钉连接

E. 单头螺柱连接

【答案】ABCD

【解析】螺纹连接的类型：1）普通螺栓连接；2）铰制孔螺栓连接；3）双头螺柱连接；4）螺钉连接。

11. 高强度螺栓按照施工工艺区分可分为（　　）。

A. 大六角高强度螺栓

B. 摩擦型高强度螺栓

C. 承压型高强度螺栓

D. 扭剪型高强度螺栓

E. 普通高强度螺栓

【答案】AD

【解析】高强度螺栓按照施工工艺区分可分为大六角高强度螺栓和扭剪型高强度螺栓。

12. 高强度螺栓按照受力强度可以分为（　　）。

A. 大六角高强度螺栓

B. 摩擦型高强度螺栓

C. 承压型高强度螺栓

D. 扭剪型高强度螺栓

E. 普通高强度螺栓

【答案】BC

【解析】高强度螺栓按照受力强度可以分为摩擦型和承压型。

13. 下列哪项属于液压系统中的执行元件（　　）。

A. 液压泵

B. 液压马达

C. 液压缸

D. 液压阀

E. 液压油缸

【答案】BC

【解析】执行元件——液压缸或液压马达，把油液的液压能转换成机械能，以驱动工作部件运动。

14. 液压传动系统一般由（　　）组成。

A. 动力元件

B. 执行元件

C. 控制元件

D. 辅助元件

E. 工作介质

【答案】ABCDE

【解析】液压传动系统的组成：1）动力元件；2）执行元件；3）控制元件；4）辅助元件；5）工作介质。

15. 属于液压传动系统组成部分的有（　　）元件。

A. 动力

B. 执行

C. 控制

D. 工作

E. 辅助

【答案】ABCE

【解析】液压传动系统的组成：1）动力元件；2）执行元件；3）控制元件；4）辅助元件；5）工作介质。

16. 液压传动系统中的执行元件有（　　）。

A. 齿轮液压马达

B. 叶片液压马达

C. 轴向柱塞液压马达　　　　　　D. 单杆活塞缸

E. 液压操纵箱

【答案】ABCD

【解析】执行元件——液压缸或液压马达，把油液的液压能转换成机械能，以驱动工作部件运动。

17. 根据用途和工作特点不同，液压控制阀可分为（　　　）。

A. 方向控制阀　　　　　　　　　B. 压力控制阀

C. 蓄能器　　　　　　　　　　　D. 流量控制阀

E. 滤油器

【答案】ABD

【解析】液压控制阀（简称液压阀）是液压系统中的控制元件。根据用途和工作特点不同，液压控制阀分为方向控制阀、压力控制阀和流量控制阀。

第八章　施工机械常用油料

一、判断题

1. 汽油按用途分为航空汽油和车用汽油两类。

【答案】 正确

【解析】 汽油按用途分为航空汽油和车用汽油两类。

2. 密度、凝点、冰点、黏度等属于汽油的物理性能。

【答案】 正确

【解析】 汽油的物理性能主要包括密度、凝点、冰点、黏度等；化学性能主要指酸度、酸值、残炭、灰分等。

3. 酸度、酸值、残炭、灰分等属于汽油的化学性能。

【答案】 正确

【解析】 汽油的物理性能主要包括密度、凝点、冰点、黏度等；化学性能主要指酸度、酸值、残炭、灰分等。

4. 柴油有轻柴油和重柴油之分。

【答案】 正确

【解析】 柴油有轻柴油和重柴油之分。

5. 内燃机润滑油简称内燃机油，根据内燃机的不同要求，可分为适用于汽油机的汽油机机油和适用于柴油机的柴油机机油。

【答案】 正确

【解析】 内燃机润滑油简称内燃机油，根据内燃机的不同要求，可分为适用于汽油机的汽油机机油和适用于柴油机的柴油机机油。

6. 齿轮油分汽车和施工机械车辆齿轮油和工业齿轮油两大类，汽车和施工机械的齿轮箱使用的齿轮油分别为车辆齿轮油和工业齿轮油。

【答案】 错误

【解析】 齿轮传动润滑油简称齿轮油，有车辆齿轮油和工业齿轮油两大类，汽车和施工机械的齿轮箱使用车辆齿轮油。

7. 润滑脂是将稠化剂分散于液体润滑剂中所组成的润滑材料。

【答案】 正确

【解析】 润滑脂是将稠化剂分散于液体润滑剂中所组成的润滑材料。

8. 液压油既起传递动能的功用，还能起到对有关部件的润滑作用。

【答案】 正确

【解析】 液压油是液压系统传递能量的介质，是各种机械液压装置的专用工作油。它既起传递动能的功用，还能起到对有关部件的润滑作用。

9. 液力传动油是液力传动的工作介质，属于动态液压油，又称PTF油。

【答案】 正确

【解析】液力传动油是液力传动的工作介质，属于动态液压油，又称 PTF 油。

10. 制动液是汽车及施工机械传递压力的工作介质。

【答案】正确

【解析】制动液（通称刹车油）是汽车及施工机械传递压力的工作介质。

11. 施工企业在油料的保管、供应工作中，必须加强技术管理，以保证油料的质量和安全。

【答案】正确

【解析】施工企业在油料的保管、供应工作中，必须加强技术管理，以保证油料的质量和安全。

12. 油罐内壁应涂刷防腐涂层，以防铁锈落入油中。

【答案】正确

【解析】油罐内壁应涂刷防腐涂层，以防铁锈落入油中。

二、单选题

1. 表示汽油在发动机内正常燃烧而不发生爆震的性能是（　　）。

A. 抗爆性
B. 蒸发性
C. 安定性
D. 腐蚀性

【答案】A

【解析】抗爆性：指汽油在各种工作条件下燃烧时的抗爆震能力，它表示汽油在发动机内正常燃烧而不发生爆震的性能。

2. 衡量汽油蒸发难易程度的性能指标是（　　）。

A. 抗爆性
B. 蒸发性
C. 安定性
D. 腐蚀性

【答案】B

【解析】蒸发性：汽油从液态转变为气态的性能称为蒸发性（汽化性），它是衡量汽油蒸发难易程度的性能指标。

3. 汽油在储存盒使用过程中，防止在温度和光的作用下，使汽油中不安定烃氰化合物生成胶质物质和酸性物质的性能是（　　）。

A. 抗爆性
B. 蒸发性
C. 安定性
D. 腐蚀性

【答案】C

【解析】安定性：汽油在储存和使用过程中，防止在温度和光的作用下，使汽油中不安定烃氰化合物生成胶质物质和酸性物质的性能，常称抗氧化安定性。

4. 汽油或其他油料与金属发生化学反应，使金属失去固有性能的能力称为（　　）。

A. 抗爆性
B. 蒸发性
C. 安定性
D. 腐蚀性

【答案】D

【解析】腐蚀性：汽油或其他油料与金属发生化学反应，使金属失去固有性能的能力称为腐蚀性。

5. 以下性能不属于汽油的物理性能的是 （　　　）。
A. 密度　　　　　　　　　　　B. 酸值
C. 凝点　　　　　　　　　　　D. 冰点

【答案】B

【解析】汽油的物理性能主要包括密度、凝点、冰点、黏度等；化学性能主要指酸度、酸值、残炭、灰分等。

6. 以下性能属于汽油的物理性能的是 （　　　）。
A. 密度　　　　　　　　　　　B. 酸值
C. 酸度　　　　　　　　　　　D. 残炭

【答案】A

【解析】汽油的物理性能主要包括密度、凝点、冰点、黏度等；化学性能主要指酸度、酸值、残炭、灰分等。

7. 下列哪项不属于柴油质量牌号 （　　　）。
A. 20 号　　　　　　　　　　　B. 10 号
C. −10 号　　　　　　　　　　D. −20 号

【答案】A

【解析】柴油按其质量分为优级品、一级品和合格品三个等级，每个等级按其凝点又可分为 10 号、0 号、−10 号、−20 号、−35 号和−50 号六种牌号。

8. 表示油料蒸发性和安全性指标的是 （　　　）。
A. 馏程　　　　　　　　　　　B. 闪点
C. 腐蚀性　　　　　　　　　　D. 安定性

【答案】B

【解析】闪点：表示油料蒸发性和安全性指标。

9. 表示油料稀稠度的主要指标是 （　　　）。
A. 黏度　　　　　　　　　　　B. 黏温性能
C. 凝固点　　　　　　　　　　D. 酸值

【答案】A

【解析】黏度是表示油料稀稠度的一项主要指标。

10. 将测定的润滑油放在试管中冷却，直到把它倾斜45°，并经过 1min 后油面不流动时的温度称为 （　　　）。
A. 黏度　　　　　　　　　　　B. 黏温性能
C. 凝固点　　　　　　　　　　D. 酸值

【答案】C

【解析】将测定的润滑油放在试管中冷却，直到把它倾斜45°，并经过 1min 后油面不流动时的温度称为凝固点（简称凝点）。

11. 下列哪些不属于车辆齿轮油的主要质量指标 （　　　）。
A. 极压抗磨性　　　　　　　　B. 闪点
C. 剪切安定性　　　　　　　　D. 黏温特性

【答案】B

【解析】车辆齿轮油的主要质量指标：

1）极压抗磨性；

2）抗氧化安定性；

3）剪切安定性；

4）黏温特性。

12. （   ）是指齿面在极高压（或高温）润滑条件下，防止擦伤和磨损的能力。

A. 极压抗磨性　　　　　　　　　　B. 抗氧化安定性

C. 剪切安定性　　　　　　　　　　D. 黏温特性

【答案】A

【解析】极压抗磨性是指齿面在极高压（或高温）润滑条件下，防止擦伤和磨损的能力。

13. 我国常采用的润滑脂是（   ）。

A. 皂基脂　　　　　　　　　　　　B. 烃基脂

C. 无机脂　　　　　　　　　　　　D. 有机脂

【答案】A

【解析】润滑脂是按稠化剂组成分类的，即分为皂基脂、烃基脂、无机脂和有机脂四类，我国多用皂基脂。

14. 下列不属于钙基润滑脂的是（   ）。

A. 合成钙基脂　　　　　　　　　　B. 复合钙基脂

C. 化合钙基脂　　　　　　　　　　D. 石墨钙基脂

【答案】C

【解析】钙基脂有以下几种混合式复合钙基脂：①合成钙基脂；②复合钙基脂；③石墨钙基脂。

15. 施工机械上使用的工作油不包括（   ）。

A. 液压油　　　　　　　　　　　　B. 液力传动油

C. 冷却液　　　　　　　　　　　　D. 制动液

【答案】C

【解析】施工机械上使用的工作油主要有液压油、液力传动油和制动液这三种。

16. 液压油的性能中，能使混入油中的水分迅速分离，防止形成乳化液的是（   ）。

A. 极压抗磨性　　　　　　　　　　B. 抗泡沫性和析气性

C. 黏度和黏温性能　　　　　　　　D. 抗乳化性

【答案】D

【解析】抗乳化性。它能使混入油中的水分迅速分离，防止形成乳化液。

17. 一般轻型施工机械和载重汽车的自动传动装置，可采用的液力传动油是（   ）。

A. 8 号油　　　　　　　　　　　　B. 6 号油

C. 拖拉机液压/传动两用油　　　　D. 68 号两用油

【答案】A

【解析】一般轻型施工机械和载重汽车的自动传动装置，可采用 8 号油；施工机械和重型汽车的液力传动系统，可采用 6 号油；对液压与传动系统同用一个油箱的施工机械、拖拉机则应选用传动/液压两用油。

18.施工机械和重型汽车的液力传动系统，可采用液力传动油是（　　）。

A. 8号油　　　　　　　　　　　B. 6号油

C. 拖拉机液压/传动两用油　　　　D. 68号两用油

【答案】B

【解析】一般轻型施工机械和载重汽车的自动传动装置，可采用8号油；施工机械和重型汽车的液力传动系统，可采用6号油；对液压与传动系统同用一个油箱的施工机械、拖拉机则应选用传动/液压两用油。

19.对液压与传动系统同用一个油箱的施工机械、拖拉机，可采用液力传动油是（　　）。

A. 8号油　　　　　　　　　　　B. 6号油

C. 拖拉机液压/传动两用油　　　　D. 68号两用油

【答案】C

【解析】一般轻型施工机械和载重汽车的自动传动装置，可采用8号油；施工机械和重型汽车的液力传动系统，可采用6号油；对液压与传动系统同用一个油箱的施工机械、拖拉机则应选用传动/液压两用油。

20.适用于南方地区和北方地区的液压传动油是（　　）。

A. 8号油　　　　　　　　　　　B. 6号油

C. 100号两用油　　　　　　　　D. 68号两用油

【答案】C

【解析】100号两用油适用于南方地区；100号和68号两用油适用于北方地区。

21.下列不属于制动液分类的是（　　）。

A. 醇型　　　　　　　　　　　　B. 复合型

C. 合成型　　　　　　　　　　　D. 矿油型

【答案】B

【解析】制动液按配制原料的不同，可分为醇型、合成型和矿油型三类。

22.以合成油为基础油，加入润滑剂和抗氧、防腐和防锈等添加剂制成的制动液是（　　）。

A. 醇型制动液　　　　　　　　　B. 复合型制动液

C. 合成型制动液　　　　　　　　D. 矿油型制动液

【答案】C

【解析】合成型制动液。它是以合成油为基础油，加入润滑剂和抗氧、防腐和防锈等添加剂制成的制动液。

23.下列不属于保证油料质量的管理措施的是（　　）。

A. 正确选用油料　　　　　　　　B. 严格油料入库验收制度

C. 严格领发制度　　　　　　　　D. 防止混油污染

【答案】D

【解析】保证油料质量的管理措施：

1）正确选用油料；

2）严格油料入库验收制度；

3）严格领发制度。

24. 下列不属于预防油料变质的技术措施的是（　　）。

A. 正确选用油料　　　　　　　　B. 减少油料轻馏分蒸发和延缓氧化变质

C. 防止水杂污染　　　　　　　　D. 防止混油污染

【答案】A

【解析】预防油料变质的技术措施：

1）减少油料轻馏分蒸发和延缓氧化变质；

2）防止水杂污染；

3）防止混油污染。

三、多选题

1. 下性能属于汽油的物理性能的是（　　）。

A. 密度　　　　　　　　　　　　B. 酸值

C. 凝点　　　　　　　　　　　　D. 冰点

E. 残炭

【答案】ACD

【解析】汽油的物理性能主要包括密度、凝点、冰点、黏度等；化学性能主要指酸度、酸值、残炭、灰分等。

2. 下性能不属于汽油的物理性能的是（　　）。

A. 密度　　　　　　　　　　　　B. 酸值

C. 酸度　　　　　　　　　　　　D. 残炭

E. 黏度

【答案】BCD

【解析】汽油的物理性能主要包括密度、凝点、冰点、黏度等；化学性能主要指酸度、酸值、残炭、灰分等。

3. 下列哪几项属于柴油质量牌号（　　）。

A. 20 号　　　　　　　　　　　　B. 10 号

C. −10 号　　　　　　　　　　　D. −20 号

E. −30 号

【答案】BCD

【解析】柴油按其质量分为优级品、一级品和合格品三个等级，每个等级按其凝点又可分为 10 号、0 号、−10 号、−20 号、−35 号和−50 号六种牌号。

4. 润滑油在机械运行中起到的作用包括（　　）。

A. 润滑　　　　　　　　　　　　B. 冷却

C. 清洁　　　　　　　　　　　　D. 密封

E. 防腐

【答案】ABCDE

【解析】润滑油在机械运行中起着润滑、冷却、清洁、密封和防腐等作用。

5. 下列哪些属于车辆齿轮油的主要质量指标（　　　）。

A. 极压抗磨性 　　　　　　　　　　B. 抗氧化安定性

C. 剪切安定性 　　　　　　　　　　D. 黏温特性

E. 耐高温性

【答案】ABCD

【解析】车辆齿轮油的主要质量指标：

1）极压抗磨性；

2）抗氧化安定性；

3）剪切安定性；

4）黏温特性。

6. 下列属于钙基润滑脂的是（　　　）。

A. 合成钙基脂 　　　　　　　　　　B. 复合钙基脂

C. 化合钙基脂 　　　　　　　　　　D. 石墨钙基脂

E. 纯净钙基脂

【答案】ABD

【解析】钙基脂有以下几种混合式复合钙基脂：①合成钙基脂；②复合钙基脂；③石墨钙基脂。

7. 下列哪些属于液压油的主要性能指标（　　　）。

A. 极压抗磨性

B. 抗泡沫性和析气性

C. 黏度和黏温性能

D. 抗乳化性

E. 抗氧化安定性、水解安定性和热稳定性

【答案】ABCDE

【解析】液压油的主要性能指标

1）极压抗磨性；

2）抗泡沫性和析气性；

3）黏度和黏温性能；

4）抗氧化安定性、水解安定性和热稳定性；

5）抗乳化性。

8. 施工机械上使用的工作油主要有（　　　）。

A. 液压油 　　　　　　　　　　　　B. 液力传动油

C. 冷却液 　　　　　　　　　　　　D. 制动液

E. 润滑油

【答案】ABD

【解析】施工机械上使用的工作油主要有液压油、液力传动油和制动液这三种。

9. 适用于北方地区的液压传动油是（　　　）。

A. 8 号油 　　　　　　　　　　　　B. 6 号油

C. 100 号两用油 　　　　　　　　　D. 68 号两用油

E. 86 号两用油

【答案】CD

【解析】100 号两用油适用于南方地区；100 号和 68 号两用油适用于北方地区。

10. 制动液按配制原料的不同，可分为（   ）。

A. 醇型   B. 复合型

C. 合成型   D. 矿油型

E. 化合型

【答案】ACD

【解析】制动液按配置原料的不同，可分为醇型、合成型和矿油型三类。

11. 可在严寒地区冬、夏季通用的制动液是（   ）。

A. 醇型制动液   B. 合成型制动液

C. 7 号矿油型制动液   D. 9 号矿油型制动液

E. 8 号矿油型制动液

【答案】BC

【解析】合成型制动液、7 号矿油型制动液可冬、夏季通用。

12. 下列属于保证油料质量的管理措施的是（   ）。

A. 正确选用油料   B. 严格油料入库验收制度

C. 严格领发制度   D. 防止混油污染

E. 禁止低质量用油

【答案】ABC

【解析】保证油料质量的管理措施：

1）正确选用油料；

2）严格油料入库验收制度；

3）严格领发制度。

13. 下列属于预防油料变质的技术措施的是（   ）。

A. 正确选用油料

B. 减少油料轻馏分蒸发和延缓氧化变质

C. 防止水杂污染

D. 防止混油污染

E. 用油登记

【答案】BCD

【解析】预防油料变质的技术措施：

1）减少油料轻馏分蒸发和延缓氧化变质；

2）防止水杂污染；

3）防止混油污染。

第九章　工程预算的基本知识

一、判断题

1. 建筑工程造价主要由直接工程费、间接费、计划利润和税金四部分组成。

【答案】正确

【解析】建筑工程造价主要由直接工程费、间接费、计划利润和税金四部分组成。

2. 预算是设计单位或施工单位根据施工图纸，按照现行的工程定额预算价格编制的工程建设项目从筹建到竣工验收所需的全部建设费用。

【答案】正确

【解析】预算：是设计单位或施工单位根据施工图纸，按照现行的工程定额预算价格编制的工程建设项目从筹建到竣工验收所需的全部建设费用。

3. 按机械台班消耗量的表现形式，可分为机械时间定额和机械产量定额。

【答案】正确

【解析】按机械台班消耗量的表现形式，可分为机械时间定额和机械产量定额。

二、单选题

1. 以下哪项不属于建筑工程造价的构成（　　）。
A. 直接工程费　　　　　　　　　B. 企业管理费
C. 间接费　　　　　　　　　　　D. 计划利润

【答案】B

【解析】建筑工程造价主要由直接工程费、间接费、计划利润和税金四部分组成。

2. 设计单位或施工单位根据施工图纸，按照现行的工程定额预算价格编制的工程建设项目从筹建到竣工验收所需的全部建设费用称为（　　）。
A. 结算　　　　　　　　　　　　B. 预算
C. 核算　　　　　　　　　　　　D. 决算

【答案】B

【解析】预算：是设计单位或施工单位根据施工图纸，按照现行的工程定额预算价格编制的工程建设项目从筹建到竣工验收所需的全部建设费用。

3. 施工单位根据竣工图纸，按现行工程定额实际价格编制的工程建设项目从开工到竣工验收所需的全部建设费用称为（　　）。
A. 结算　　　　　　　　　　　　B. 预算
C. 核算　　　　　　　　　　　　D. 决算

【答案】A

【解析】结算：是施工单位根据竣工图纸，按现行工程定额实际价格编制的工程建设项目从开工到竣工验收所需的全部建设费用。

4. 建设单位根据决算编制要求，工程建设项目从筹建到交付使用所需的全部建设费用称为（　　）。

  A. 结算   B. 预算

  C. 核算   D. 决算

【答案】D

  【解析】决算：是建设单位根据决算编制要求，工程建设项目从筹建到交付使用所需的全部建设费用。

三、多选题

  1. 工程造价主要由哪几部分组成：（　　）。

  A. 直接工程费   B. 企业管理费

  C. 间接费   D. 计划利润

  E. 税金

【答案】ACDE

  【解析】建筑工程造价主要由直接工程费、间接费、计划利润和税金四部分组成。

  2. 按机械台班消耗量的表现形式，可分为（　　）。

  A. 机械时间定额   B. 机械效率定额

  C. 机械总量定额   D. 机械产量定额

  E. 机械速度定额

【答案】AD

  【解析】按机械台班消耗量的表现形式，可分为机械时间定额和机械产量定额。

第十章　常见施工机械的类型及技术性能

一、判断题

1. 衡量塔式起重机工作能力的最重要参数是起重量。

【答案】错误

【解析】额定起重力矩是塔式起重机工作能力的最重要参数，它是塔式起重机工作时保持塔式起重机稳定性的控制值。

2. 塔式起重机只有小车变幅一种变幅方式。

【答案】错误

【解析】塔式起重机按变幅方式分为1）动臂变幅塔式起重机；2）小车变幅式塔式起重机；3）折臂式。

3. 塔式起重机按架设方式分为小车变幅式塔式起重机和动臂变幅式塔式起重机。

【答案】错误

【解析】塔式起重机按架设方式分为：1）非自行架设；2）自行架设。

4. 塔式起重机为了提高工作效率并且保证安全需要，作业过程中要符合"重载低速、轻载高速度"的要求。

【答案】正确

【解析】为提高塔式起重机工作效率，起升机构应有多种速度。在轻载和空钩下降以及起升高度较大时，均要求有较高的工作速度，以提高塔式起重机的工作效率。在重载或运送大件物品以及重物高速下降至接近安装就位时，为了安全可靠和准确就位要求较低工作速度。各种不同的速度档位对应于不同的起重量，以符合重载低速、轻载高速的要求。

5. 按施工升降机的种类主要分为钢丝绳式和齿轮齿条式两种。

【答案】正确

【解析】施工升降机是一种用吊笼沿导轨架上下垂直运送人员和物料的建筑机械。按其种类主要分为钢丝绳式和齿轮齿条式两种。

6. 物料提升机结构简单，安装、拆卸方便，广泛应用于中高层房屋建筑工地中。

【答案】错误

【解析】物料提升机结构简单，安装、拆卸方便，广泛应用于中低层房屋建筑工地中。

7. 履带式起重机的吊臂一般是固定式桁架臂，转移作业场地时整机可通过铁路平车或公路平板拖车装运。

【答案】正确

【解析】履带式起重机的吊臂一般是固定式桁架臂，转移作业场地时整机可通过铁路平车或公路平板拖车装运。

8. 吊篮主要由悬挂机构、悬吊平台、提升机、电气控制系统、安全保护装置、工作钢丝绳和安全钢丝绳组成。

【答案】正确

【解析】吊篮主要由悬挂机构、悬吊平台、提升机、电气控制系统、安全保护装置、工作钢丝绳和安全钢丝绳组成。

9. 提升机的作用是为悬吊平台上下运动提供动力，并且使悬吊平台能够停止在作业范围内的任意高度位置上。

【答案】正确

【解析】提升机是吊篮的动力装置，其作用是为悬吊平台上下运动提供动力，并且使悬吊平台能够停止在作业范围内的任意高度位置上。

10. 挖掘机按作业特点分为连续性作业式和间歇重复循环作业式两种，前者为单斗挖掘机；后者为多斗挖掘机。

【答案】错误

【解析】挖掘机按作业特点分为间歇重复循环作业式和连续性作业式两种，前者为单斗挖掘机；后者为多斗挖掘机。

11. 正铲挖掘机主要用于挖掘停机面以下的工作面。

【答案】错误

【解析】正铲挖掘机主要用于挖掘停机面以上的工作面。

12. 装载机是利用牵引力和工作装置产生的掘起力进行工作的。

【答案】正确

【解析】装载机利用牵引力和工作装置产生的掘起力进行工作，用于装卸松散物料，并可完成短距离运土。

13. 推土机主要由发动机、底盘、液压系统、电气系统、工作装置和辅助设备组成。

【答案】正确

【解析】推土机主要由发动机、底盘、液压系统、电气系统、工作装置和辅助设备组成。

14. 平地机具有高效能、高清晰度的平面刮削、平整作业能力，是土方工程机械化施工中重要的工程机械。

【答案】正确

【解析】平地机具有高效能、高清晰度的平面刮削、平整作业能力，是土方工程机械化施工中重要的工程机械。

15. 静力压实机械对土壤的加载时间长，不利于土壤的塑性变形。

【答案】错误

【解析】静力压实机械对土壤的加载时间长，有利于土壤的塑性变形。

16. 振动式压路机的缺点是不宜压实黏性大的土壤，也严禁在坚硬的地面上振动，同时由于振动频率高，驾驶员容易产生疲劳，因此需要有良好的减振装置。

【答案】正确

【解析】振动式压路机的缺点是不宜压实黏性大的土壤，也严禁在坚硬的地面上振动，同时由于振动频率高，驾驶员容易产生疲劳，因此需要有良好的减振装置。

17. 灌注桩是先成孔后在孔内灌注成桩。

【答案】正确

【解析】灌注桩是先成孔后在孔内灌注成桩。

18. 静力压桩机工作时无振动、无噪声、价格低。

【答案】错误

【解析】静力压桩机工作时无振动、无噪声，但机械本身笨重、价格高、移动不方便。

19. 柴油桩锤是柴油打桩机的主要装置，按构造不同分为导杆式和筒式两种。

【答案】正确

【解析】柴油桩锤是柴油打桩机的主要装置，按构造不同分为导杆式和筒式两种。

20. 振动桩锤的优点是工作时不损伤桩头、噪声小、不排除任何有害气体，使用方便。

【答案】正确

【解析】振动桩锤的优点是工作时不损伤桩头、噪声小、不排除任何有害气体，使用方便。

21. 使用静力将桩压入土层中的机械称为静压桩机。

【答案】正确

【解析】使用静力将桩压入土层中的机械称为静压桩机。

22. 旋挖钻机装机功率大、输出扭矩大、轴向压力大、机动灵活，但施工效率较低。

【答案】错误

【解析】旋挖钻机具有装机功率大、输出扭矩大、轴向压力大、机动灵活，施工效率高及多功能等特点。

23. 旋挖钻机三种常用的钻头结构为：短螺旋钻头、单层底旋挖钻头、双层底旋挖钻头。

【答案】正确

【解析】旋挖钻机三种常用的钻头结构为：短螺旋钻头、单层底旋挖钻头、双层底旋挖钻头。

24. 双层底的旋挖钻头是在原单层底钻头的基础上开发的。

【答案】正确

【解析】双层底的旋挖钻头是在原单层底钻头的基础上开发的。

25. 成槽机又称开槽机，是施工地下连续墙时由地表向下开挖城槽的机械装备。

【答案】正确

【解析】成槽机又称开槽机，是施工地下连续墙时由地表向下开挖城槽的机械装备。

26. 成槽机一般铣削深度为20～50m。

【答案】错误

【解析】成槽机一般铣削深度30～50m。

27. 成槽机最大铣削深度可达到150m左右。

【答案】错误

【解析】成槽机最大铣削深度可达到130m左右。

28. 混凝土搅拌运输车可有效地防止混凝土的离析，从而保证混凝土的输送质量。

【答案】正确

【解析】混凝土搅拌运输车可有效地防止混凝土的离析，从而保证混凝土的输送质量。

29. 混凝土搅拌运输车是由汽车底盘和搅拌装置构成的。

【答案】正确

【解析】混凝土搅拌运输车是由汽车底盘和搅拌装置构成的。

30. 混凝土泵是指将混凝土从搅拌设备处通过水平或垂直管道，连续不断地输送到浇筑地点的一种混凝土输送机械。

【答案】正确

【解析】混凝土泵是指将混凝土从搅拌设备处通过水平或垂直管道，连续不断地输送到浇筑地点的一种混凝土输送机械。

31. 活塞式混凝土泵的排量，取决于混凝土缸的数量和直径、活塞往复运动速度和混凝土缸吸入的容积效率等。

【答案】正确

【解析】活塞式混凝土泵的排量，取决于混凝土缸的数量和直径、活塞往复运动速度和混凝土缸吸入的容积效率等。

二、单选题

1. 衡量塔式起重机工作能力的最重要参数是（　　）。
A. 最大高度　　　　　　　　　　　B. 臂长
C. 额定起重力矩　　　　　　　　　D. 起重量

【答案】C

【解析】额定起重力矩是塔式起重机工作能力的最重要参数，它是塔式起重机工作时保持塔式起重机稳定性的控制值。

2. 按变幅方式分，塔式起重机不包括（　　）塔式起重机。
A. 小车变幅　　　　　　　　　　　B. 动臂变幅
C. 折臂变幅　　　　　　　　　　　D. 自行架设

【答案】D

【解析】塔式起重机按变幅方式分为1）动臂变幅塔式起重机；2）小车变幅式塔式起重机；3）折臂式。

3. 塔式起重机的工作机构中，由起升卷扬机、电气控制系统、钢丝绳、滑轮组及吊钩组成的是（　　）。
A. 起升机构　　　　　　　　　　　B. 变幅机构
C. 回转机构　　　　　　　　　　　D. 行走机构

【答案】A

【解析】起升机构通常由起升卷扬机、电气控制系统、钢丝绳、滑轮组及吊钩组成。

4. 塔式起重机的工作机构中，由电动机、变速箱、卷筒、制动器和机架组成的是（　　）。
A. 起升机构　　　　　　　　　　　B. 变幅机构
C. 回转机构　　　　　　　　　　　D. 行走机构

【答案】B

【解析】塔式起重机的变幅机构由电动机、变速箱、卷筒、制动器和机架组成。

5. 塔式起重机的工作机构中，由电动机、变速箱和回转小齿轮三部分组成的是（　　）。

A. 起升机构   B. 变幅机构

C. 回转机构   D. 行走机构

【答案】C

【解析】塔式起重机的回转机构由电动机、变速箱和回转小齿轮三部分组成。

6. 塔式起重机的工作机构中，由电动机、减速箱、制动器、行走轮或者台车等组成的是（　　）。

A. 起升机构   B. 变幅机构

C. 回转机构   D. 行走机构

【答案】D

【解析】行走机构是由驱动装置和支撑装置组成，包括：电动机、减速箱、制动器、行走轮或者台车等。

7. 塔式起重机的工作机构中，由顶升套架、顶升横梁、液压站及顶升液压缸组成的是（　　）。

A. 起升机构   B. 变幅机构

C. 顶升机构   D. 行走机构

【答案】C

【解析】顶升系统一般由顶升套架、顶升横梁、液压站及顶升液压缸组成。

8. 施工升降机的组成结构中，主要有导轨架、吊笼、防护围栏、附墙架和楼层门等组成的是（　　）。

A. 钢结构件   B. 传动机构

C. 安全装置   D. 控制系统

【答案】A

【解析】施工升降机的钢结构件主要有：导轨架、吊笼、防护围栏、附墙架和楼层门等组成。

9. 齿轮齿条式施工升降机中，一般有外挂式和内置式两种的是（　　）。

A. 钢结构件   B. 传动机构

C. 安全装置   D. 控制系统

【答案】B

【解析】齿轮齿条式施工升降机的传动机构一般有外挂式和内置式两种，按传动机构的配制数量有二传动和三传动之分。

10. 施工升降机的组成结构中，由防坠安全器及各安全限位开关组成的是（　　）。

A. 钢结构件   B. 传动机构

C. 安全装置   D. 控制系统

【答案】C

【解析】施工升降机的安全装置是由防坠安全器及各安全限位开关组成，以保证吊笼的安全正常运行。

11. 物料提升机的组成中，包括基础底盘，标准节等构件的是（　　）。

A. 架体   B. 吊笼

C. 自升平台   D. 卷扬机

【答案】A

【解析】架体包括基础底盘，标准节等构件。

12. 物料提升机的组成中，装载物料沿提升机导轨做上下运动的部件是（　　）。

A. 架体　　　　　　　　　　　　B. 吊笼

C. 自升平台　　　　　　　　　　D. 卷扬机

【答案】B

【解析】吊笼是装载物料沿提升机导轨做上下运动的部件。

13. 物料提升机的组成中，起到提升天梁作用的工作机构是（　　）。

A. 架体　　　　　　　　　　　　B. 吊笼

C. 自升平台　　　　　　　　　　D. 卷扬机

【答案】C

【解析】自升平台是架体安装加高和拆卸的工作机构，起到提升天梁的作用。

14. 物料提升机的组成中，提升吊笼的动力装置是（　　）。

A. 架体　　　　　　　　　　　　B. 吊笼

C. 自升平台　　　　　　　　　　D. 卷扬机

【答案】D

【解析】卷扬机是提升吊笼的动力装置。

15. 以下属于物料提升机防护设施的是（　　）。

A. 起重量限制器　　　　　　　　B. 停层平台及平台门

C. 安全停层装置　　　　　　　　D. 防坠安全器

【答案】B

【解析】安全装置主要包括：起重量限制器、防坠安全器、安全停层装置、上限位开关、下限位开关、紧急断电开关、缓冲器及信号通讯装置等。防护设施主要包括：防护围栏、停层平台及平台门、进料口防护棚、卷扬机操作棚等。

16. 以下属于物料提升机安全装置的是（　　）。

A. 安全停层装置　　　　　　　　B. 停层平台及平台门

C. 防护围栏　　　　　　　　　　D. 卷扬机操作棚

【答案】A

【解析】安全装置主要包括：起重量限制器、防坠安全器、安全停层装置、上限位开关、下限位开关、紧急断电开关、缓冲器及信号通讯装置等。防护设施主要包括：防护围栏、停层平台及平台门、进料口防护棚、卷扬机操作棚等。

17. 由起重臂、上平台、回转支承装置、底盘以及起升、回转、变幅、行走等机构和电气附属设施等机构组成的起重机是（　　）。

A. 塔式起重机　　　　　　　　　B. 履带式起重机

C. 汽车起重机　　　　　　　　　D. 轮胎起重机

【答案】B

【解析】履带式起重机由起重臂、上平台、回转支承装置、底盘以及起升、回转、变幅、行走等机构和电气附属设施等机构组成。

18. 主起重臂多为伸缩式，伸缩动作由伸缩油缸及同步伸缩机构完成的起重机是

（　　　）。

　　A. 塔式起重机　　　　　　　　　　　B. 履带式起重机
　　C. 汽车起重机　　　　　　　　　　　D. 轮胎起重机

【答案】C

　　【解析】汽车起重机的主起重臂多为伸缩式，伸缩动作由伸缩油缸及同步伸缩机构完成。

　　19. 由上车和下车两部分组成的起重机是（　　　）。
　　A. 塔式起重机　　　　　　　　　　　B. 履带式起重机
　　C. 汽车起重机　　　　　　　　　　　D. 轮胎起重机

【答案】D

　　【解析】轮胎起重机由上车和下车两部分组成。

　　20. 吊篮的基础结构件是（　　　）。
　　A. 悬挂机构　　　　　　　　　　　　B. 悬吊平台
　　C. 提升机　　　　　　　　　　　　　D. 电气控制系统

【答案】A

　　【解析】悬挂机构是吊篮的基础结构件。

　　21. 吊篮的组成机构中，用于搭载作业人员、工具和材料进行高处作业的悬挂装置是（　　　）。
　　A. 悬挂机构　　　　　　　　　　　　B. 悬吊平台
　　C. 提升机　　　　　　　　　　　　　D. 电气控制系统

【答案】B

　　【解析】悬吊平台是用于搭载作业人员、工具和材料进行高处作业的悬挂装置。

　　22. 吊篮的组成机构中，为悬吊平台上下运动提供动力是（　　　）。
　　A. 悬挂机构　　　　　　　　　　　　B. 悬吊平台
　　C. 提升机　　　　　　　　　　　　　D. 电气控制系统

【答案】C

　　【解析】提升机是吊篮的动力装置，其作用是为悬吊平台上下运动提供动力，并且使悬吊平台能够停止在作业范围内的任意高度位置上。

　　23. 吊篮的组成机构中，由电器控制箱、电磁制动电机、上限位开关和手握开关等组成的是（　　　）。
　　A. 悬挂机构　　　　　　　　　　　　B. 悬吊平台
　　C. 提升机　　　　　　　　　　　　　D. 电气控制系统

【答案】D

　　【解析】电气控制系统由电器控制箱、电磁制动电机、上限位开关和手握开关等组成。

　　24. 吊篮的组成机构中，承受悬吊平台全部载荷的主要受力构件是（　　　）。
　　A. 悬挂机构　　　　　　　　　　　　B. 悬吊平台
　　C. 钢丝绳　　　　　　　　　　　　　D. 电气控制系统

【答案】C

　　【解析】钢丝绳是承受悬吊平台全部载荷的主要受力构件。

25. 下列属于单斗挖掘机按传动形式分类的是（　　）。

A. 履带式
B. 轮胎式
C. 机械式
D. 步行式

【答案】C

【解析】单斗挖掘机按传动形式分为液压式挖掘机和机械式挖掘机。

26. 单斗反铲挖掘机的构造中，作为整机动力源的是（　　）。

A. 发动机
B. 工作装置
C. 回转装置
D. 行走装置

【答案】A

【解析】发动机：整机的动力源，多采用柴油机。

27. 单斗反铲挖掘机的构造中，由动臂、斗杆、铲斗组成的是（　　）。

A. 发动机
B. 工作装置
C. 回转装置
D. 行走装置

【答案】B

【解析】工作装置：单斗挖掘机工作装置由动臂、斗杆、铲斗组成。

28. 单斗反铲挖掘机的构造中，由回转平台和回转机构组成的是（　　）。

A. 发动机
B. 工作装置
C. 回转装置
D. 行走装置

【答案】C

【解析】回转装置：回转装置由回转平台和回转机构组成。

29. 单斗反铲挖掘机的构造中，支承全机质量并执行行驶任务的是（　　）。

A. 发动机
B. 工作装置
C. 回转装置
D. 行走装置

【答案】D

【解析】行走装置：支承全机质量并执行行驶任务。

30. 装载机连杆机构不包括（　　）。

A. 正转六连杆机构
B. 正转八连杆机构
C. 反转六连杆机构
D. 反转八连杆机构

【答案】D

【解析】装载机的工作装置由连杆机构组成，常用的连杆机构有正转六连杆机构，正转八连杆机构和反转六连杆机构。

31. 推土机的作业形式中，最常用的作业方法是（　　）。

A. 直铲作业
B. 侧铲作业
C. 斜铲作业
D. 松土作业

【答案】A

【解析】直铲作业是推土机最常用的作业方法，用于将土和石渣向前推送和场地平整作业。

32. 推土机的作业形式中，主要用于傍山铲土、单侧弃土的是（　　）。

A. 直铲作业
B. 侧铲作业

    C. 斜铲作业   D. 松土作业

【答案】B

【解析】侧铲作业主要用于傍山铲土、单侧弃土。

33. 推土机的作业形式中，主要应用在坡度不大的斜坡上铲运硬土及挖沟等作业的是（   ）。

    A. 直铲作业   B. 侧铲作业

    C. 斜铲作业   D. 松土作业

【答案】C

【解析】斜铲作业主要应用在坡度不大的斜坡上铲运硬土及挖沟等作业。

34. 推土机的作业形式中，将液压松土器悬挂在大、中型履带式推土机的后部进行作业的是（   ）。

    A. 直铲作业   B. 侧铲作业

    C. 斜铲作业   D. 松土作业

【答案】D

【解析】松土作业：一般大、中型履带式推土机的后部可悬挂液压松土器进行作业。

35. 平地机的分类中，由拖拉机牵引，用人力操纵其工作装置的是（   ）平地机。

    A. 拖式   B. 自行式

    C. 中型   D. 大型

【答案】A

【解析】拖式平地机由拖拉机牵引，用人力操纵其工作装置。

36. 平地机的分类中，根据轮胎数目可分为四轮、六轮两种的是（   ）平地机。

    A. 拖式   B. 自行式

    C. 中型   D. 大型

【答案】B

【解析】自行式平地机根据轮胎数目可分为四轮、六轮两种。

37. 压实机械的分类中，适用于大型建筑和筑路工程中的是（   ）压实机械。

    A. 静力式   B. 轮胎式

    C. 冲击式   D. 振动式

【答案】A

【解析】静力式压实机械对黏土等压实效果较好，尤其对大面积压实的效率也较高，故适用于大型建筑和筑路工程中。

38. 压实机械的分类中，适用于狭小面积及基坑的夯实的是（   ）压实机械。

    A. 静力式   B. 轮胎式

    C. 冲击式   D. 振动式

【答案】C

【解析】冲击式压实机械特点是夯实厚度较大，适用于狭小面积及基坑的夯实。

39. 压实机械的分类中，适用于大面积的路基土壤和路面铺砌层的压实的是（   ）压路机。

    A. 静力式   B. 轮胎式

C. 冲击式   D. 振动式

【答案】D

【解析】将振动装置装在压路机上称为振动式压路机，它适用于大面积的路基土壤和路面铺砌层的压实。

40. 下列桩架中，可不用铺设轨道，在地面上自行运行的是（   ）桩架。

A. 轨道式   B. 履带式
C. 步履式   D. 走管式

【答案】B

【解析】履带式桩架可不用铺设轨道，在地面上自行运行。

41. 以履带式起重机为底盘，配置起重臂悬吊桩架的立柱，并与可伸缩的支承相连接而成的是（   ）履带桩架。

A. 轨道式   B. 悬挂式
C. 三点式   D. 走管式

【答案】B

【解析】悬挂式履带桩架以履带式起重机为底盘，配置起重臂悬吊桩架的立柱，并与可伸缩的支承相连接而成。

42. 立柱由两个斜撑杆和下部托架构成的是（   ）履带桩架。

A. 轨道式   B. 悬挂式
C. 三点式   D. 走管式

【答案】C

【解析】三点式履带桩架的立柱由两个斜撑杆和下部托架构成。

43. 下列桩架中，一般采用全液压步履式底盘配立柱及斜支撑组成的是（   ）桩架。

A. 轨道式   B. 履带式
C. 步履式   D. 走管式

【答案】C

【解析】步履式桩架一般采用全液压步履式底盘配立柱及斜支撑组成。

44. 下列不属于柴油锤冲击部分的质量分类的是（   ）。

A. D_1-600   B. D_1-1200
C. D_1-1600   D. D_1-1800

【答案】C

【解析】根据柴油锤冲击部分的质量可分为 D_1-600、D_1-1200、D_1-1800 三种。

45. 下列对振动桩锤特点的描述，错误的是（   ）。

A. 工作时不损伤桩头   B. 噪声大
C. 不排除任何有效气体   D. 使用方便

【答案】B

【解析】振动桩锤的优点是工作时不损伤桩头、噪声小、不排除任何有害气体，使用方便。

46. 关于旋挖钻机特点，描述错误的是（   ）。

A. 装机功率大　　　　　　　　　　B. 输出扭矩大

C. 轴向压力大　　　　　　　　　　D. 施工效率低

【答案】D

【解析】旋挖钻机具有装机功率大、输出扭矩大、轴向压力大、机动灵活，施工效率高及多功能等特点。

47. 下列不属于旋挖钻机常用钻头结构的是（　　　）。

A. 短螺旋钻头　　　　　　　　　　B. 单层底旋挖钻头

C. 长螺旋钻头　　　　　　　　　　D. 双层底悬挖钻头

【答案】C

【解析】旋挖钻机三种常用的钻头结构为：短螺旋钻头、单层底旋挖钻头、双层底悬挖钻头。

48. 成槽机最大铣削深度可达（　　　）m。

A. 120　　　　　　　　　　　　　　B. 130

C. 140　　　　　　　　　　　　　　D. 150

【答案】B

【解析】成槽机最大铣削深度可达到130m左右。

49. 常用的液压抓斗成槽机中，作为大中型地下连续墙施工主要机械的是（　　　）。

A. 走管式　　　　　　　　　　　　B. 悬吊式

C. 导板式　　　　　　　　　　　　D. 倒杆式

【答案】B

【解析】悬吊抓斗由于刃口闭合力大，成槽深度大，同时配有自动纠偏装置可保证抓斗的工作精度，是大中型地下连续墙施工的主要机械。

50. 常用的液压抓斗成槽机中，结构简单、成本低，使用比较普及的是（　　　）。

A. 走管式　　　　　　　　　　　　B. 悬吊式

C. 导板式　　　　　　　　　　　　D. 倒杆式

【答案】C

【解析】导板式抓斗成槽机由于结构简单、成本低，使用也比较普及。

51. （　　　）抓斗有一个可伸缩的折叠式导杆做导向，可以保证成槽的垂直度。

A. 走管式　　　　　　　　　　　　B. 悬吊式

C. 导板式　　　　　　　　　　　　D. 倒杆式

【答案】D

【解析】倒杆式抓斗有一个可伸缩的折叠式导杆做导向，可以保证成槽的垂直度。

52. 按照混凝土工程的施工工序，以下不属于混凝土机械的是（　　　）。

A. 混凝土搅拌机械　　　　　　　　B. 混凝土储存机械

C. 混凝土运输机械　　　　　　　　D. 混凝土振捣密实成型机械

【答案】B

【解析】按照混凝土工程的施工工序，混凝土机械归纳为三大类：

（1）混凝土搅拌机械；

（2）混凝土运输机械；

（3）混凝土振捣密实成型机械。

53. 下列混凝土泵属于按移动方式分类的是（　　）。

A. 固定式　　　　　　　　　　　　B. 活塞式

C. 挤压式　　　　　　　　　　　　D. 风动式

【答案】A

【解析】混凝土泵按移动方式分为固定式、拖式、汽车式、臂架式等。

54. 因传动方式不同而分为机械式和液压式的是（　　）混凝土泵。

A. 固定式　　　　　　　　　　　　B. 活塞式

C. 挤压式　　　　　　　　　　　　D. 风动式

【答案】B

【解析】活塞式混凝土泵又因传动方式不同而分为机械式和液压式。

三、多选题

1. 按变幅方式分，塔式起重机可以分为（　　）塔式起重机。

A. 小车变幅　　　　　　　　　　　B. 动臂变幅

C. 转臂变幅　　　　　　　　　　　D. 自行架设

E. 大车变幅

【答案】AB

【解析】塔式起重机按变幅方式分为1）动臂变幅塔式起重机；2）小车变幅式塔式起重机；3）折臂式。

2. 塔式起重机起升机构包含下列哪些构件：（　　）。

A. 起升卷扬机　　　　　　　　　　B. 钢丝绳

C. 滑轮组　　　　　　　　　　　　D. 吊钩

E. 电气控制系统

【答案】ABCDE

【解析】起升机构通常由起升卷扬机、电气控制系统、钢丝绳、滑轮组及吊钩组成。

3. 塔式起重机由（　　），以及与外部支撑的附加设施等组成。

A. 钢结构件　　　　　　　　　　　B. 工作机构

C. 电气系统　　　　　　　　　　　D. 安全保护装置

E. 与外部支撑的附加设施

【答案】ABCDE

【解析】塔式起重机由钢结构件、工作机构、电气系统和安全保护装置，以及与外部支撑的附加设施等组成。

4. 施工升降机的组成结构包括（　　）。

A. 钢结构件　　　　　　　　　　　B. 传动机构

C. 安全装置　　　　　　　　　　　D. 控制系统

E. 维护系统

【答案】ABCD

【解析】施工升降机一般由钢结构件、传动机构、安全装置和控制系统等四部分组成结构组成。

5. 物料提升机按架体形式分类有（　　）。

A. 卷扬机式
B. 龙门式
C. 曳引机式
D. 井架式
E. 链式

【答案】BD

【解析】物料提升机的分类：

按架体形式分为龙门式、井架式；

按动力形式分为卷扬机式、曳引机式。

6. 物料提升机按动力形式分类有（　　）。

A. 卷扬机式
B. 龙门式
C. 曳引机式
D. 井架式
E. 链式

【答案】AC

【解析】物料提升机的分类：

按架体形式分为龙门式、井架式；

按动力形式分为卷扬机式、曳引机式。

7. 以下属于物料提升机安全装置的是（　　）。

A. 起重量限制器
B. 停层平台及平台门
C. 安全停层装置
D. 防坠安全器
E. 紧急断电开关

【答案】ACDE

【解析】安全装置主要包括：起重量限制器、防坠安全器、安全停层装置、上限位开关、下限位开关、紧急断电开关、缓冲器及信号通讯装置等。

防护设施主要包括：防护围栏、停层平台及平台门、进料口防护棚、卷扬机操作棚等。

8. 以下属于物料提升机防护设施的是（　　）。

A. 安全停层装置
B. 停层平台及平台门
C. 防护围栏
D. 卷扬机操作棚
E. 紧急断电开关

【答案】BCD

【解析】安全装置主要包括：起重量限制器、防坠安全器、安全停层装置、上限位开关、下限位开关、紧急断电开关、缓冲器及信号通讯装置等。

防护设施主要包括：防护围栏、停层平台及平台门、进料口防护棚、卷扬机操作棚等。

9. 下列起重机中，上部构造基本相同的是（　　）。

A. 塔式起重机
B. 履带式起重机
C. 汽车起重机
D. 轮胎起重机
E. 塔吊式起重机

【答案】BD

【解析】轮胎起重机上部构造与履带式起重机基本相同。

10. 以下哪些属于吊篮的构件（　　）。

A. 悬挂机构
B. 悬吊平台
C. 提升机
D. 电气控制系统
E. 安全保护装置

【答案】ABCDE

【解析】吊篮主要由悬挂机构、悬吊平台、提升机、电气控制系统、安全保护装置、工作钢丝绳和安全钢丝绳组成。

11. 吊篮的安全保护装置有（　　）。

A. 安全锁
B. 限位装置
C. 限速器
D. 超载保护装置
E. 安全保护装置

【答案】ABCD

【解析】吊篮的安全保护装置有安全锁、限位装置、限速器和超载保护装置。

12. 单斗挖掘机每一个工作循环包括：（　　）。

A. 挖掘
B. 回转
C. 卸料
D. 返回
E. 暂停

【答案】ABCD

【解析】单斗挖掘机每一个工作循环包括：挖掘、回转、卸料和返回四个过程。

13. 单斗挖掘机按传动形式分为（　　）。

A. 履带式
B. 液压式
C. 机械式
D. 步行式
E. 轮胎式

【答案】BC

【解析】单斗挖掘机按传动形式分为液压式挖掘机和机械式挖掘机。

14. 单斗挖掘机按行走方式分为（　　）。

A. 履带式
B. 轮胎式
C. 机械式
D. 步行式
E. 液压式

【答案】ABD

【解析】单斗挖掘机按行走方式分为履带式、轮胎式和步行式。

15. 装载机的工作装置由连杆机构组成，常用的连杆机构有（　　）。

A. 正转六连杆机构
B. 正转八连杆机构
C. 反转六连杆机构
D. 反转八连杆机构
E. 正转四连杆机构

【答案】ABC

【解析】装载机的工作装置由连杆机构组成，常用的连杆机构有正转六连杆机构，正转八连杆机构和反转六连杆机构。

16. 装载机按行走方式分类可分为（　　）。

A. 履带式

B. 轮胎式

C. 整体式

D. 铰接式

E. 液压式

【答案】AB

【解析】按行走方式分类：①履带式；②轮胎式。

17. 推土机按行走机构分类可分为（　　）。

A. 履带式

B. 轮胎式

C. 固定式

D. 回转式

E. 机械式

【答案】AB

【解析】推土机按行走机构分类：①履带式；②轮胎式。

18. 按推土机的传动方式可将推土机分为（　　）。

A. 机械传动式

B. 液力机械传动式

C. 全液压传动式

D. 电气传动式

E. 半液压传动式

【答案】ABCD

【解析】按推土机的传动方式可分为机械传动式、液力机械传动式、全液压传动式和电气传动式等。

19. 推土机按推土板安装方式分为（　　）。

A. 履带式

B. 轮胎式

C. 固定式

D. 回转式

E. 机械式

【答案】CD

【解析】推土机按推土板安装方式分为固定式和回转式两种。

20. 平地机按铲刀长度和功率大小分为（　　）。

A. 轻型

B. 小型

C. 中型

D. 大型

E. 重型

【答案】ACD

【解析】平地机按铲刀长度和功率大小分为轻型、中型和大型。

21. 压实机械按其工作原理的不同，可分为（　　）。

A. 静力式

B. 轮胎式

C. 冲击式

D. 振动式

E. 手扶式

【答案】ACD

【解析】压实机械按其工作原理的不同，可分为静力式压实机械、冲击式压实机械和振动式压实机械。

22. 振动式压路机按行驶方法的不同可分为（   ）。

A. 机械式   B. 拖式

C. 手扶式   D. 自行式

E. 轮胎式

【答案】BCD

【解析】振动式压路机按行驶方法的不同可分为拖式、手扶式和自行式。

23. 振动式压路机按传动形式不同，可分为（   ）。

A. 机械式   B. 拖式   C. 机械液力式   D. 自行式

E. 手扶式

【答案】AC

【解析】振动式压路机按传动形式不同，可分为机械式和机械液力式两种类型。

24. 振动式压路机按振动压路机自身重量的不同，可分为（   ）。

A. 轻型   B. 小型

C. 中型   D. 重型

E. 大型

【答案】ACD

【解析】振动式压路机按振动压路机自身重量的不同，可分为轻型、中型和重型三种。

25. 振动式压路机按工作轮形式的不同，可分为（   ）。

A. 机械式   B. 全钢轮式

C. 机械液力式   D. 组合轮式

E. 手扶式

【答案】BD

【解析】振动式压路机按工作轮形式的不同，可分为全钢轮式和组合轮式两种类型。

26. 桩工机械按动作原理可分为（   ）。

A. 冲击式   B. 振动式

C. 静压式   D. 成孔灌注式

E. 手扶式

【答案】ABCD

【解析】桩工机械按动作原理可分为：冲击式、振动式、静压式和成孔灌注式等。

27. 桩架按行走方式主要有（   ）。

A. 轨道式   B. 履带式

C. 步履式   D. 走管式

E. 手扶式

【答案】ABCD

【解析】桩架按行走方式主要有轨道式、履带式、步履式、走管式。

28. MH72B型筒式柴油锤由（   ）和起落架组成。

A. 锤体   B. 燃油供应系统

C. 润滑系统   D. 冷却系统

E. 起落架

【答案】ABCDE

【解析】MH72B 型筒式柴油锤由锤体、燃油供应系统、润滑系统、冷却系统和起落架组成。

29. 根据柴油锤冲击部分的质量可分为（　　　）。

A. D_1-600
B. D_1-1200
C. D_1-1600
D. D_1-1800
E. D_1-2000

【答案】ABD

【解析】根据柴油锤冲击部分的质量可分为 D_1-600、D_1-1200、D_1-1800 三种。

30. 振动桩锤主要由（　　　）组成。

A. 原动机
B. 激振器
C. 支持器
D. 减振器
E. 控制器

【答案】ABCD

【解析】振动桩锤主要由原动机、激振器、支持器和减振器组成。

31. 根据施加静力的方法和原理不同，静压桩机可分为（　　　）。

A. 机构式
B. 履带式
C. 液压式
D. 走管式
E. 手扶式

【答案】AC

【解析】根据施加静力的方法和原理不同，静压桩机可分为机构式和液压式两种。

32. 下列选项中，属于旋挖钻机特点的是（　　　）。

A. 装机功率大
B. 输出扭矩大
C. 轴向压力大
D. 施工效率低
E. 机动灵活

【答案】ABCE

【解析】旋挖钻机具有装机功率大、输出扭矩大、轴向压力大、机动灵活，施工效率高及多功能等特点。

33. 下列属于旋挖钻机常用钻头结构的是（　　　）。

A. 短螺旋钻头
B. 单层底旋挖钻头
C. 长螺旋钻头
D. 双层底悬挖钻头
E. 双层螺旋钻头

【答案】ABD

【解析】旋挖钻机三种常用的钻头结构为：短螺旋钻头、单层底旋挖钻头、双层底悬挖钻头。

34. 常用的液压抓斗成槽机按结构形式分为（　　　）。

A. 走管式
B. 悬吊式
C. 导板式
D. 倒杆式
E. 手扶式

【答案】BCD

【解析】常用的液压抓斗成槽机按结构形式分：悬吊式、导板式和倒杆式。

35. 按照混凝土工程的施工工序，混凝土机械归纳为（　　）。

A. 混凝土搅拌机械
B. 混凝土储存机械
C. 混凝土运输机械
D. 混凝土振捣密实成型机械
E. 混凝土装载机

【答案】ACD

【解析】按照混凝土工程的施工工序，混凝土机械归纳为三大类：

（1）混凝土搅拌机械；

（2）混凝土运输机械；

（3）混凝土振捣密实成型机械。

36. 混凝土泵按移动方式分为（　　）等。

A. 固定式
B. 拖式
C. 汽车式
D. 臂架式
E. 轮胎式

【答案】ABCD

【解析】混凝土泵按移动方式分为固定式、拖式、汽车式、臂架式等。

37. 混凝土泵按构造和工作原理分为（　　）。

A. 固定式
B. 活塞式
C. 挤压式
D. 风动式
E. 移动式

【答案】BCD

【解析】混凝土泵按构造和工作原理分为活塞式、挤压式和风动式。

38. 活塞式混凝土泵因传动方式不同而分为（　　）。

A. 机械式
B. 活塞式
C. 挤压式
D. 液压式
E. 移动式

【答案】AD

【解析】活塞式混凝土泵又因传动方式不同而分为机械式和液压式。

机械员通用与基础知识试卷

一、判断题（共 20 题，每题 1 分）

1. 建设法规是由国家立法机关或其授权的行政机关制定的。

【答案】（　　）

2. 建设部门规章是指住房和城乡建设部根据宪法规定的职责范围，依法制定各项规章或由住房和城乡建设部与国务院其他有关部门联合制定并发布的规章。

【答案】（　　）

3. 水泥是一种加水拌合成塑性浆体，能胶结砂、石等材料，并能在空气和水中硬化的粉状水硬性胶凝材料。

【答案】（　　）

4. 一般碳钢中含碳量越低则硬度越高，强度也越高，塑性越好。

【答案】（　　）

5. 在工程识图中，从物体的上方向下投影，在水平投影面上所得到的视图称为主视图。

【答案】（　　）

6. 零件图的标注包括：画出全部尺寸线，注写尺寸数字，包括公差；标注表面粗糙度符号和形位公差。

【答案】（　　）

7. 采用机械开挖基坑时，为避免破坏基底土，应在基底标高以上预留 15～30cm 的土层由人工挖掘修整。

【答案】（　　）

8. 常用的钢板桩有 U 型和 Z 型，还有直腹板式、H 型和组合式钢板桩。

【答案】（　　）

9. 二力平衡的充要条件是两个力大小相等、方向相反。

【答案】（　　）

10. 平面汇交力系合成的结果是一个合力，合力的矢量等于力系中各力的矢量和。

【答案】（　　）

11. 力作用在物体上会引起物体形状和尺寸的改变，这些变化称为变形。

【答案】（　　）

12. 齿顶高是介于分度圆与齿根圆之间的轮齿部分的径向高度。

【答案】（　　）

13. 螺纹连接由螺纹紧固件和连接件上的内外螺纹组成。

【答案】（　　）

14. 换向阀是利用阀芯相对于阀体的相对运动，使油路接通、断开或变换液压油的流动方向，从而使液压执行元件启动、停止或改变运动方向。

【答案】（　　　）

15. 密度、凝点、冰点、黏度等属于汽油的物理性能。

【答案】（　　　）

16. 齿轮油分汽车和施工机械车辆齿轮油和工业齿轮油两大类，汽车和施工机械的齿轮箱使用的齿轮油分别为车辆齿轮油和工业齿轮油。

【答案】（　　　）

17. 吊篮主要由悬挂机构、悬吊平台、提升机、电气控制系统、安全保护装置、工作钢丝绳和安全钢丝绳组成。

【答案】（　　　）

18. 静力压实机械对土壤的加载时间长，不利于土壤的塑性变形。

【答案】（　　　）

19. 预算是设计单位或施工单位根据施工图纸，按照现行的工程定额预算价格编制的工程建设项目从筹建到竣工验收所需的全部建设费用。

【答案】（　　　）

20. 衡量塔式起重机工作能力的最重要参数是起重量。

【答案】（　　　）

二、单选题（共 40 题，每题 1 分）

21. 建设法规是由（　　　）制定的旨在调整国家及其有关机构、企事业单位、社会团体、公民之间，在建设活动中或建设行政管理活动中发生的各种社会关系的法律、法规的统称。

A. 人民代表大会　　　　　　　　　　B. 国务院
C. 国家立法机关或其授权的行政机关　D. 党中央

22. 在建设行政法规的五个层次中，法律效力最高的是（　　　）。

A. 建设法律　　　　　　　　　　　　B. 建设行政法规
C. 建设部门规章　　　　　　　　　　D. 地方性建设法规

23. 建筑工程属于的资质序列是（　　　）。

A. 施工总承包　　　　　　　　　　　B. 专业承包
C. 劳务分包　　　　　　　　　　　　D. 市政工程总承包

24. 抹灰作业分包工程资质等级分为（　　　）。

A. 一、二、三级　　　　　　　　　　B. 不分等级
C. 二、三级　　　　　　　　　　　　D. 一、二级

25 下列哪种材料不是组成普通混凝土所必需的材料：（　　　）。

A. 水泥　　　　　　B. 沙子　　　　　　C. 水　　　　　　D. 外加剂或掺合料

26. 低碳钢的含碳量：（　　　）。

A. $w_c \leqslant 0.15\%$　　　　　　　　B. $w_c \leqslant 0.20\%$
C. $w_c \leqslant 0.25\%$　　　　　　　　D. $w_c \leqslant 0.60\%$

27. Q235BZ 表示屈服点值≥235MPa（　　　）的镇静碳素结构钢。

A. 质量等级为 B 级　　　　　　　　　B. 脱氧方式为半镇静钢

C. 含碳量代号为 B   D. 硬度代号为 B

28. 对于一般机械零件，其材料选用原则包括：使用性能原则、（ ）、经济性原则。

A. 铸造性原则   B. 可焊性原则

C. 可锻性原则   D. 工艺性能原则

29. 正投影三视图的投影规律正确的是（ ）。

A. 主俯视图宽相等   B. 主左视图宽相等

C. 俯左视图高平齐   D. 主俯视图长对正

30. 一张完整的零件图应包括以下内容：标题栏、（ ）、必要的尺寸、技术要求。

A. 俯视图   B. 一组图形   C. 剖视图   D. 总体尺寸

31. 表示机器或部件外形轮廓的大小，即总长、总宽和总高的尺寸是（ ）。

A. 规格（性能）尺寸   B. 装配尺寸

C. 安装尺寸   D. 外形尺寸

32. 按照施工开挖的难易程度将土分为八类，用（ ）可以鉴别出是属于软石。

A. 用锄头挖掘   B. 用镐挖掘

C. 用风镐、大锤等   D. 用爆破方法

33. 高强度螺栓按拧紧力矩的（ ）进行终拧。

A. 90%   B. 95%   C. 100%   D. 110%

34. 以下不是埋弧焊焊接的优点（ ）。

A. 质量稳定   B. 焊接生产率高   C. 无弧光   D. 无烟尘

35. 以下不属于项目经理部的性质的是（ ）。

A. 相对独立性   B. 综合性

C. 临时性   D. 工作任务的艰巨性

36. 施工项目进度控制的措施主要有（ ）。

A. 组织措施、技术措施、合同措施、经济措施、信息管理措施等

B. 管理措施、技术措施、经济措施等

C. 行政措施、技术措施、经济措施等

D. 政策措施、技术措施、经济措施等

37. 下列哪项不属于力的三要素（ ）。

A. 方向   B. 作用点   C. 力的单位   D. 大小

38. 作用于刚体上的两个力使刚体处于平衡的充分和必要条件是（ ）。

A. 两力大小相等，作用于同一点上

B. 两力大小相等，方向相反，并作用于同一直线上

C. 两力大小相等，方向相反

D. 两力大小相等，方向相同，并作用于同一点上

39. 力的作用效果中促使或限制物体运动状态的改变，称为力的（ ）。

A. 运动效果   B. 变形效果   C. 强度效果   D. 刚度效果

40. 杆件在一对大小相等、转向相反、作用面垂直于杆件轴线的力偶作用下，相邻横截面绕轴线发生相对转动，这种变形称为（ ）。

A. 弯曲   B. 压缩   C. 扭转   D. 剪切

41. 金属在外力（静载荷）作用下，所表现的抵抗塑性变形或破坏的能力称为（　　）。

A. 强度　　　　　　　B. 刚度　　　　　　　C. 硬度　　　　　　　D. 韧性

42. 相邻两齿的同侧齿廓之间的分度圆弧长是（　　）。

A. 齿厚　　　　　　　B. 槽宽　　　　　　　C. 齿距　　　　　　　D. 齿宽

43. 下列哪项不属于蜗杆传动的特点（　　）。

A. 传动效率高　　　　　　　　　　　　B. 传动比大

C. 工作平稳，噪声小　　　　　　　　　D. 具有自锁作用

44. （　　）是通过摩擦力来传递动力的，传递过载时，会发生打滑，可以防止其他零件的损坏，起到安全保护作用。

A. 链　　　　　　　　B. 齿轮　　　　　　　C. 皮带传动　　　　　D. 涡轮蜗杆

45. 螺纹的公称直径是指螺纹（　　）的基本尺寸。

A. 外径　　　　　　　B. 小径　　　　　　　C. 内径　　　　　　　D. 中径

46. 传动效率较其他螺纹较高的是（　　）。

A. 三角形螺纹　　　　B. 矩形螺纹　　　　　C. 梯形螺纹　　　　　D. 锯齿形螺纹

47. 螺纹连接的类型中，装配后无间隙，主要承受横向载荷，也可作定位用，采用基孔制配合铰制孔螺栓连接的是（　　）。

A. 普通螺栓连接　　　　　　　　　　　B. 铰制孔螺栓连接

C. 双头螺柱连接　　　　　　　　　　　D. 螺钉连接

48. 溢流阀是属于（　　）。

A. 压力控制阀　　　　　　　　　　　　B. 方向控制阀

C. 流量控制阀　　　　　　　　　　　　D. 流速控制阀

49. 利用阀芯和阀体间的相对运动，来变换油液流动方向，起到接通或关闭油路作用的方向控制阀是（　　）。

A. 调速阀　　　　　　B. 换向阀　　　　　　C. 溢流阀　　　　　　D. 节流阀

50. 表示汽油在发动机内正常燃烧而不发生爆震的性能是（　　）。

A. 抗爆性　　　　　　B. 蒸发性　　　　　　C. 安定性　　　　　　D. 腐蚀性

51. 液压油的性能中，能使混入油中的水分迅速分离，防止形成乳化液的是（　　）。

A. 极压抗磨性　　　　　　　　　　　　B. 抗泡沫性和析气性

C. 黏度和黏温性能　　　　　　　　　　D. 抗乳化性

52. 表示油料蒸发性和安全性指标的是（　　）。

A. 馏程　　　　　　　B. 闪点　　　　　　　C. 腐蚀性　　　　　　D. 安定性

53. 下列哪些不属于车辆齿轮油的主要质量指标（　　）。

A. 极压抗磨性　　　　B. 闪点　　　　　　　C. 剪切安定性　　　　D. 黏温特性

54. 以合成油为基础油，加入润滑剂和抗氧、防腐和防锈等添加剂制成的制动液是（　　）。

A. 醇型制动液　　　　　　　　　　　　B. 复合型制动液

C. 合成型制动液　　　　　　　　　　　D. 矿油型制动液

55. 衡量塔式起重机工作能力的最重要参数是（　　）。

A. 最大高度　　　　　B. 臂长　　　　　　　C. 额定起重力矩　　　D. 起重量

56. 塔式起重机的工作机构中，由顶升套架、顶升横梁、液压站及顶升液压缸组成的是（　　）。

A. 起升机构　　　　B. 变幅机构　　　　C. 顶升机构　　　　D. 行走机构

57. 施工升降机的组成结构中，由防坠安全器及各安全限位开关组成的是（　　）。

A. 钢结构件　　　　B. 传动机构　　　　C. 安全装置　　　　D. 控制系统

58. 以下属于物料提升机防护设施的是（　　）。

A. 起重量限制器　　　　　　　　　B. 停层平台及平台门

C. 安全停层装置　　　　　　　　　D. 防坠安全器

59. 单斗反铲挖掘机的构造中，作为整机动力源的是（　　）。

A. 发动机　　　　B. 工作装置　　　　C. 回转装置　　　　D. 行走装置

60. 推土机的作业形式中，最常用的作业方法是（　　）。

A. 直铲作业　　　　B. 侧铲作业　　　　C. 斜铲作业　　　　D. 松土作业

三、多选题（共 20 题，每题 2 分，选错项不得分，选不全得 1 分）

61. 建设法规旨在调整（　　）之间在建设活动中或建设行政管理活动中发生的各种社会关系。

A. 国家及其有关机构　　　　　　　B. 企事业单位

C. 社会团体　　　　　　　　　　　D. 公民

E. 政府

62. 下列哪几项属于水泥砂浆的特性（　　）。

A. 强度高　　　　　　　　　　　　B. 耐久性好

C. 流动性好　　　　　　　　　　　D. 耐火性好

E. 保水性好

63. 对于一般机械零件，其材料选用原则包括（　　）。

A. 力学性能原则　　　　　　　　　B. 使用性能原则

C. 工艺性能原则　　　　　　　　　D. 经济性原则

E. 物理性能原则

64. 下列哪几项符合三视图的投影规律（　　）。

A. 主、俯视图长对正　　　　　　　B. 主、左视图高平齐

C. 俯、左视图长对正　　　　　　　D. 俯、左视图宽相等

E. 主、俯视图高平齐

65. 一套完整的房屋建筑施工图应包括哪些内容（　　）。

A. 建筑施工图　　　　　　　　　　B. 结构施工图

C. 设备施工图　　　　　　　　　　D. 图纸目录

E. 设计总说明

66. 项目经理部质量安全监控部门的主要工作有（　　）。

A. 工程质量管理　　　　　　　　　B. 项目安全管理

C. 项目消防管理　　　　　　　　　D. 材料运输管理

E. 项目成本管理

67. 施工项目进度控制的主要措施有（　　）。

A. 组织措施　　　　B. 技术措施　　　　C. 合同措施　　　　D. 成本措施

E. 管理措施

68. 力的三要素是指（　　）。

A. 力的大小　　　　B. 力的效果　　　　C. 力的方向　　　　D. 力的作用点

E. 力的状态

69. 在对杆件的受力分析过程中，一般假设杆件的材料具有如下那些特性（　　）。

A. 连续性　　　　　B. 均匀性　　　　　C. 各向同性　　　　D. 经济性

E. 可靠性

70. 杆件的变形通常用以下哪几个量来度量（　　）。

A. 横截面处形心的横向位移　　　　　　B. 横截面处形心的竖向位移

C. 横截面的转角　　　　　　　　　　　D. 横截面的位移

E. 横截面的转矩

71. 齿轮传动种类的分类中，按工作条件可分为（　　）。

A. 开式传动　　　　B. 半开式传动　　　C. 普通传动　　　　D. 闭式传动

E. 半闭式传动

72. 下列哪几项属于蜗杆传动的特点（　　）。

A. 传动效率高　　　　　　　　　　　　B. 传动比大

C. 工作平稳，噪声小　　　　　　　　　D. 价格便宜

E. 具有自锁作用

73. 以下属于摩擦型带传动的是（　　）。

A. 平带传动　　　　B. V 带传动　　　　C. 多楔带传动　　　D. 同步带传动

E. 链传动

74. 以下属于螺纹连接特点的是（　　）。

A. 螺纹拧紧时能产生很大的轴向力　　　B. 它能方便地实现自锁

C. 外形尺寸小　　　　　　　　　　　　D. 制造简单，能保持较高的精度

E. 外形尺寸大

75. 下列性能属于汽油的物理性能的是（　　）。

A. 密度　　　　　　B. 酸值　　　　　　C. 凝点　　　　　　D. 冰点

E. 残炭

76. 下列属于预防油料变质的技术措施的是（　　）。

A. 正确选用油料　　　　　　　　　　　B. 减少油料轻馏分蒸发和延缓氧化变质

C. 防止水杂污染　　　　　　　　　　　D. 防止混油污染

E. 用油登记

77. 工程造价主要由哪几部分组成：（　　）。

A. 直接工程费　　　B. 企业管理费　　　C. 间接费　　　　　D. 计划利润

E. 税金

78. 按变幅方式分，塔式起重机可以分为（　　）塔式起重机。

A. 小车变幅　　　　B. 动臂变幅　　　　C. 转臂变幅　　　　D. 自行架设

E. 大车变幅

79. 物料提升机按架体形式分类有（　　）。

A. 卷扬机式　　　　B. 龙门式　　　　　C. 曳引机式　　　　D. 井架式

E. 链式

80. 推土机按行走机构分类可分为（　　）。

A. 履带式　　　　　B. 轮胎式　　　　　C. 固定式　　　　　D. 回转式

E. 机械式

机械员通用与基础知识试卷答案与解析

一、判断题（共20题，每题1分）

1. 正确

【解析】建设法规是指国家立法机关或其授权的行政机关制定的旨在调整国家及其有关机构、企事业单位、社会团体、公民之间，在建设活动中或建设行政管理活动中发生的各种社会关系的法律、法规的统称。

2. 错误

【解析】建设部门规章是指住房和城乡建设部根据国务院规定的职责范围，依法制定各项规章或由住房和城乡建设部与国务院其他有关部门联合制定并发布的规章。

3. 正确

【解析】水泥是一种加水拌合成塑性浆体，能胶结砂、石等材料，并能在空气和水中硬化的粉状水硬性胶凝材料。

4. 错误

【解析】一般碳钢中含碳量越高则硬度越高，强度也越高，但塑性较低。

5. 错误

【解析】主视图——从物体的前方向后投影，在投影面上所得到的视图。

6. 正确

【解析】画零件图最后一步为：画出全部尺寸线，注写尺寸数字，包括公差；标注表面粗糙度符号和形位公差；填写技术要求和标题栏；确定无误后标题栏内签字。

7. 正确

【解析】采用机械开挖基坑时，为避免破坏基底土，应在基底标高以上预留15～30cm的土层由人工挖掘修整。

8. 正确

【解析】常用的钢板桩有U型和Z型，还有直腹板式、H型和组合式钢板桩。

9. 错误

【解析】作用于刚体上的两个力使刚体处于平衡的充分和必要条件是：两个力大小相等，方向相反，并作用于同一直线上。

10. 正确

【解析】平面汇交力系合成的结果是一个合力，合力的矢量等于力系中各力的矢量和。

11. 正确

【解析】力作用在物体上会引起物体形状和尺寸的改变，这些变化称为变形。

12. 错误

【解析】齿顶高：介于分度圆与齿顶圆之间的轮齿部分的径向高度。

13. 正确

【解析】螺纹连接由螺纹紧固件和连接件上的内外螺纹组成。

14. 正确

【解析】换向阀是利用阀芯相对于阀体的相对运动，使油路接通、断开或变换液压油的流动方向，从而使液压执行元件启动、停止或改变运动方向。

15. 正确

【解析】汽油的物理性能主要包括密度、凝点、冰点、黏度等；化学性能主要指酸度、酸值、残炭、灰分等。

16. 错误

【解析】齿轮传动润滑油简称齿轮油，有车辆齿轮油和工业齿轮油两大类，汽车和施工机械的齿轮箱使用车辆齿轮油。

17. 正确

【解析】吊篮主要由悬挂机构、悬吊平台、提升机、电气控制系统、安全保护装置、工作钢丝绳和安全钢丝绳组成。

18. 错误

【解析】静力压实机械对土壤的加载时间长，有利于土壤的塑性变形。

19. 正确

【解析】预算：是设计单位或施工单位根据施工图纸，按照现行的工程定额预算价格编制的工程建设项目从筹建到竣工验收所需的全部建设费用。

20. 错误

【解析】额定起重力矩是塔式起重机工作能力的最重要参数，它是塔式起重机工作时保持塔式起重机稳定性的控制值。

二、单选题（共40题，每题1分）

21. C

【解析】建设法规是指国家立法机关或其授权的行政机关制定的旨在调整国家及其有关机构、企事业单位、社会团体、公民之间，在建设活动中或建设行政管理活动中发生的各种社会关系的法律、法规的统称。

22. A

【解析】在建设行政法规的五个层次中，其法律效力从高到低依次为建设法律、建设行政法规、建设部门规章、地方性建设法规、地方建设规章。

23. A

【解析】施工总承包资质分为12个类别，包括建筑工程、公路工程、铁路工程、港口与航道工程、水利水电工程、电力工程、矿山工程、冶金工程、石油化工工程、市政公用工程、通信工程、机电安装工程。

24. B

【解析】抹灰作业分包等级分类：不分等级。

25. D

【解析】普通混凝土的组成材料有水泥、砂子、石子、水、外加剂或掺合料。前四种材料是组成混凝土所必须的材料，后两种材料可根据混凝土性能的需要有选择地添加。

26. C

【解析】按含碳量可以把碳钢分为低碳钢（$w_c \leqslant 0.25\%$）、中碳钢（$w_c = 0.25\% \sim 0.6\%$）和高碳钢（$w_c > 0.6\%$）。

27. A

【解析】Q235BZ表示屈服点值≥235MPa质量等级为B级的脱氧镇静钢碳素结构钢。

28. D

【解析】对于一般机械零件，其材料选用原则如下：（1）使用性能原则；（2）工艺性能原则。

29. D

【解析】三视图的投影规律可归纳为：主、俯视图长对正；主、左视图高平齐；俯、左视图宽相等。

30. B

【解析】一张完整的零件图应包括以下内容：标题栏、一组图形、必要的尺寸、技术要求。

31. D

【解析】外形尺寸——表示产品的长、宽、高最大尺寸，可供产品包装、运输、安装时参考。

32. C

【解析】第五类（软石），现场鉴别方法：用风镐、大锤等。

33. C

【解析】高强度螺栓按形状不同分为：大六角头型高强度螺栓和扭剪型高强度螺栓。大六角头型高强度螺栓一般采用指针式扭力（测力）扳手或预置式扭力（定力）扳手施加预应力，目前使用较多的是电动扭矩扳手，按拧紧力矩的50%进行初拧，然后按100%拧紧力矩进行终拧。

34. D

【解析】埋弧焊焊接具有质量稳定、焊接生产率高、无弧光烟尘少等优点。

35. D

【解析】施工项目经理部的性质可以归纳为以下三个方面：1）相对独立性；2）综合性；3）临时性。

36. A

【解析】施工项目进度控制的措施主要有组织措施、技术措施、合同措施、经济措施和信息管理措施等。

37. C

【解析】力对物体作用的效应取决于力的大小、力的方向和作用点，称为力的三要素。

38. B

【解析】作用与刚体上的两个力使刚体处于平衡的充分和必要条件是：两个力大小相等，方向相反，并作用于同一直线上。

39. A

【解析】物体在力的作用下运动状态发生改变的效应称为运动效应或外效应。

40. C

【解析】杆件在一对大小相等、转向相反、作用面垂直于杆件轴线的力偶作用下，相邻横截面绕轴线发生相对转动，这种变形称为扭转。

41. A

【解析】金属材料在外力作用下抵抗塑性变形和断裂的能力称为强度。

42. C

【解析】齿距：分度圆周上量得的相邻两齿同侧齿廓间的弧长。

43. A

【解析】蜗杆的传动特点：1）传动比大；2）工作平稳，噪声小；3）具有自锁作用；4）传动效率低；5）价格昂贵。

44. C

【解析】传动带具有良好的弹性，能缓冲吸振，传动较平稳，噪声小，过载时带在带轮上打滑，可以防止其他器件损坏。

45. A

【解析】外径 d——与外螺纹牙顶相重合的假象圆柱面直径，亦称公称直径。

46. B

【解析】矩形螺纹：其传动效率较其他螺纹高，但牙根强度弱，螺旋副磨损后，间隙难以修复和补偿，传动精度较低。

47. B

【解析】铰制孔螺栓连接：装配后无间隙，主要承受横向载荷，也可作定位用，采用基孔制配合铰制孔螺栓连接。

48. A

【解析】在液压系统中，控制液压系统中的压力或利用系统中压力的变化来控制某些液压元件动作的阀，称为压力控制阀。按其功能和用途不同分为溢流阀、减压阀、顺序阀等。

49. B

【解析】换向阀是利用阀芯相对于阀体的相对运动，使油路接通、断开或变换液压油的流动方向，从而使液压执行元件启动、停止或改变运动方向。

50. A

【解析】抗爆性：指汽油在各种工作条件下燃烧时的抗爆震能力，它表示汽油在发动机内正常燃烧而不发生爆震的性能。

51. D

【解析】抗乳化性。它能使混入油中的水分迅速分离，防止形成乳化液。

52. B

【解析】闪点：表示油料蒸发性和安全性指标。

53. B

【解析】车辆齿轮油的主要质量指标：

1）极压抗磨性；

2）抗氧化安定性；

3）剪切安定性；

4）黏温特性。

54. C

【解析】合成型制动液，它是以合成油为基础油，加入润滑剂和抗氧、防腐和防锈等添加剂制成的制动液。

55. C

【解析】额定起重力矩是塔式起重机工作能力的最重要参数，它是塔式起重机工作时保持塔式起重机稳定性的控制值。

56. C

【解析】顶升系统一般由顶升套架、顶升横梁、液压站及顶升液压缸组成。

57. C

【解析】施工升降机的安全装置是由防坠安全器及各安全限位开关组成，以保证吊笼的安全正常运行。

58. B

【解析】安全装置主要包括：起重量限制器、防坠安全器、安全停层装置、上限位开关、下限位开关、紧急断电开关、缓冲器及信号通讯装置等。防护设施主要包括：防护围栏、停层平台及平台门、进料口防护棚、卷扬机操作棚等。

59. A

【解析】发动机：整机的动力源，多采用柴油机。

60. A

【解析】直铲作业是推土机最常用的作业方法，用于将土和石渣向前推送和场地平整作业。

三、多选题（共 20 题，每题 2 分，选错项不得分，选不全得 1 分）

61. ABCD

【解析】建设法规是指国家立法机关或其授权的行政机关制定的旨在调整国家及其有关机构、企事业单位、社会团体、公民之间，在建设活动中或建设行政管理活动中发生的各种社会关系的法律、法规的统称。

62. ABD

【解析】水泥砂浆强度高、耐久性和耐火性好，但其流动性和保水性差，施工相对较困难，常用于地下结构或经常受水侵蚀的砌体部位。

63. BCD

【解析】对于一般机械零件，其材料选用原则如下：（1）使用性能原则；（2）工艺性能原则；（3）经济性原则。

64. ABD

【解析】三视图的投影规律可归纳为：主、俯视图长对正；主、左视图高平齐；俯、左视图宽相等。

65. ABCDE

【解析】按照内容和作用不同，房屋建筑施工图分为建筑施工图（简称"建施"）、结构施工图（简称"结施"）和设备施工图（简称"设施"）。通常，一套完整的施工图还包括图纸目录、设计总说明（即首页）。

66. ABC

【解析】质量安全监控管理部门主要负责工程质量、安全管理、消防保卫、环境保护等工作。

67. ABC

【解析】施工项目进度控制的措施主要有组织措施、技术措施、合同措施、经济措施和信息管理措施等。

68. ACD

【解析】力对物体作用的效应取决于力的大小、力的方向和作用点，称为力的三要素。

69. ABC

【解析】在对杆件的受力分析过程中，假设杆件的材料是连续性的、均匀性的、各向同性的，则在受力过程中发生的变形为小变形。

70. BC

【解析】杆件的变形通常用横截面处形心的竖向位移和横截面的转角这两个量来度量。

71. ABD

【解析】按工作条件分：开式传动、半开式传动、闭式传动。

72. BCE

【解析】蜗杆的传动特点：1）传动比大；2）工作平稳，噪声小；3）具有自锁作用；4）传动效率低；5）价格昂贵。

73. AB

【解析】摩擦型带传动：1）平带传动；2）V带传动。

74. ABCD

【解析】螺纹连接是利用螺纹零件构成的一种可拆卸链接，具有以下特点：

1）螺纹拧紧时能产生很大的轴向力；

2）它能方便地实现自锁；

3）外形尺寸小；

4）制造简单，能保持较高的精度。

75. ACD

【解析】汽油的物理性能主要包括密度、凝点、冰点、黏度等；化学性能主要指酸度、酸值、残炭、灰分等。

76. BCD

【解析】预防油料变质的技术措施：

1）减少油料轻馏分蒸发和延缓氧化变质；

2）防止水杂污染；

3）防止混油污染。

77. ACDE

【解析】建筑工程造价主要由直接工程费、间接费、计划利润和税金四部分组成。

78. AB

【解析】塔式起重机按变幅方式分为：1）动臂变幅塔式起重机；2）小车变幅式塔式起重机。

79. BD

【解析】物料提升机的分类：

按架体形式分为龙门式、井架式；

按动力形式分为卷扬机式、曳引机式。

80. AB

【解析】推土机按行走机构分类：1）履带式；2）轮胎式。

第一章　建筑机械管理相关法规、标准规范

一、判断题

1. 特种设备生产、使用单位和特种设备检验检测机构，应当保证必要的安全和节能投入。

【答案】正确

【解析】特种设备生产、使用单位和特种设备检验检测机构，应当保证必要的安全和节能投入。

2. 特种设备出厂时，应当附有安全技术规范要求的设计文件产品质量合格证明、安装及使用维修说明、监督检验证明等文件。

【答案】正确

【解析】特种设备出厂时，应当附有安全技术规范要求的设计文件产品质量合格证明、安装及使用维修说明、监督检验证明等文件。

3. 建筑起重机械没有完整安全技术档案的，出租单位或者自购建筑起重机械的使用单位应当予以报废，并向原备案机关办理注销手续。

【答案】正确

【解析】《建筑起重机械安全监督管理规定》第七条　有下列情形之一的建筑起重机械，不得出租、使用：

（一）属国家明令淘汰或者禁止使用的；

（二）超过安全技术标准或者制造厂家规定的使用年限的；

（三）经检验达不到安全技术标准规定的；

（四）没有完整安全技术档案的；

（五）没有齐全有效的安全保护装置的。

第八条　建筑起重机械有本规定第七条第（一）、（二）、（三）项情形之一的，出租单位或者自构建起重机械的使用单位应当予以报废，并向原备案机关办理注销手续。

4. 没有齐全有效的安全保护装置的建筑起重机械应当予以报废。

【答案】错误

【解析】《建筑起重机械安全监督管理规定》第七条　有下列情形之一的建筑起重机械，不得出租、使用：

（一）属国家明令淘汰或者禁止使用的；

（二）超过安全技术标准或者制造厂家规定的使用年限的；

（三）经检验达不到安全技术标准规定的；

（四）没有完整安全技术档案的；

（五）没有齐全有效的安全保护装置的。

第八条　建筑起重机械有本规定第七条第（一）、（二）、（三）项情形之一的，出租单位或者自构建起重机械的使用单位应当予以报废，并向原备案机关办理注销手续。

5. 从事建筑起重机械安装、拆卸活动的单位应当依法取得建设主管部门颁发的相应资质和建筑施工企业安全生产许可证，并在其资质许可范围内承揽建筑起重机械安装、拆卸工程。

【答案】正确

【解析】《建筑起重机械安全监督管理规定》第十条　从事建筑起重机械安装、拆卸活动的单位（以下简称安装单位）应当依法取得建设主管部门颁发的相应资质和建筑施工企业安全生产许可证，并在其资质许可范围内承揽建筑起重机械安装、拆卸工程。

6. 建筑起重机械使用单位与租赁单位应当在签订的建筑起重机械安装、拆卸合同中明确双方的安全生产责任。

【答案】正确

【解析】《建筑起重机械安全监督管理规定》中第十一条　建筑起重机械使用单位与租赁单位应当在签订的建筑起重机械安装、拆卸合同中明确双方的安全生产责任。

7. 从事建筑起重机械安装、拆卸活动的单位应当依法取得建设主管部门颁发的相应资质和建筑施工企业安全生产许可证，才能承揽建筑起重机械安装、拆卸工程。

【答案】错误

【解析】《建筑起重机械安全监督管理规定》中第十条　从事建筑起重机械安装、拆卸活动的单位（以下简称安装单位）应当依法取得建设主管部门颁发的相应资质和建筑施工企业安全生产许可证，并在其资质许可范围内承揽建筑起重机械安装、拆卸工程。

8. 在施工现场安装、拆卸施工起重机械和整体提升脚手架、模板等自升式架设设施，必须由具有相应资质的单位承担。

【答案】正确

【解析】在施工现场安装、拆卸施工起重机械和整体提升脚手架、模板等自升式架设设施，必须由具有相应资质的单位承担。

9. 取得建筑施工企业安全生产许可证和安拆资质的建筑起重设备安拆企业，就可以承揽建筑起重机械安装、拆卸工程。

【答案】错误

【解析】《建筑起重机械安全监督管理规定》中第十条　从事建筑起重机械安装、拆卸活动的单位（以下简称安装单位）应当依法取得建设主管部门颁发的相应资质和建筑施工企业安全生产许可证，并在其资质许可范围内承揽建筑起重机械安装、拆卸工程。

10. 建筑起重机械使用单位应当对在用的建筑起重机械及其安全保护装置、吊具、索具等进行经常性和定期的检查、维护和保养，并做好记录。

【答案】正确

【解析】《建筑起重机械安全监督管理规定》中第十九条　使用单位应当对在用的建筑起重机械及其安全保护装置、吊具、索具等进行经常性和定期的检查、维护和保养，并做好记录。

11. 建筑起重机械使用单位应当在验收合格之日起30日内到工程所在地的县级以上建

设主管部门办理使用登记。

【答案】正确

【解析】《建筑起重机械安全监督管理规定》中第十七条　使用单位应当自建筑起重机械安装验收合格之日起 30 日内，将建筑起重机械安装验收资料、建筑起重机械安装管理制度、特红作业人员名单等，向工程所在地县级以上地方人民政府建设主管部门办理建筑起重机械使用登记。

12. 建筑起重机械安装完毕后，经安装单位自检验收合格，向使用单位出具安装验收合格证明后，使用单位便可投入使用。

【答案】错误

【解析】《建筑起重机械安全监督管理规定》中第十六条　建筑起重机械安装完毕后，使用单位应当组织出租、安装、监理等有关单位进行验收，或者委托具有相应资质的检验检测机构进行验收。建筑起重机械经验收合格后方可投入使用，未经验收或者验收不合格的不得使用。

13. 特种作业人员有权对本单位安全生产工作中存在的问题提出批评、检举、控告；有权拒绝违章指挥和强令冒险作业。

【答案】正确

【解析】建筑起重机械特种作业人员应当遵守建筑起重机械安全操作规程和安全管理制度，在作业中有权拒绝违章指挥和强令冒险作业，有权在发生危及人身安全的紧急情况时立即停止作业或者采取必要的应急措施后撤离危险区域。

14. 特种从业人员发现直接危及人身安全的紧急情况时，有权停止作业或在采取可能的应急措施后撤离作业场所。

【答案】正确

【解析】建筑起重机械特种作业人员应当遵守建筑起重机械安全操作规程和安全管理制度，在作业中有权拒绝违章指挥和强令冒险作业，有权在发生危及人身安全的紧急情况时立即停止作业或者采取必要的应急措施后撤离危险区域。

15. 建筑起重机械上，在能安全使用的基础上，可以安装非原制造厂制造的标准节和附着装置。

【答案】错误

【解析】禁止擅自在建筑起重机械上安装非原制造厂制造的标准节和附着装置。

16. 依据施工需要，可以在建筑起重机械上安装非原制造厂制造的标准节和附着装置。

【答案】错误

【解析】禁止擅自在建筑起重机械上安装非原制造厂制造的标准节和附着装置。

17. 生产经营单位的特种作业人员必须按照国家有关规定经专门的安全作业培训，取得特种作业操作资格证书，方可上岗作业。

【答案】正确

【解析】《建筑施工特种作业人员管理规定》第四条　建筑施工特种作业人员必须经建设主管部门考核合格，取得建筑施工特种作业人员操作资格证书，方可上岗从事相应作业。

18. 建筑施工特种作业人员资格证书在全国通用。

【答案】正确

【解析】《建筑施工特种作业人员管理规定》第十四条　资格证书应当采用国务院建设主管部门规定的统一样式，由考核发证机关编号后签发。资格证书在全国通用。

19. 建筑施工特种作业人员应当参加年度安全教育培训或继续教育，每年不得少于24小时。

【答案】正确

【解析】建筑施工特种作业人员应当参加年度安全教育培训或继续教育，每年不少于24小时。

20. 工程建设强制性标准是直接涉及工程质量、安全、卫生及环境保护等方面的工程建设标准强制性条文。

【答案】正确

【解析】根据建设部《实施工程建设强制性标准监督规定》（建设部令第81号）中规定，在中华人民共和国境内从事新建、扩建、改建等工程建设活动中，直接涉及工程质量、安全、卫生及环境保护等方面，必须执行工程建设强制性标准。

二、单选题

1. 特种设备出厂时，应当附有的安全技术规范要求文件不包括（　　）。

A. 设计文件产品质量合格证明　　　　　B. 安装及使用维修说明

C. 特种设备制造许可证　　　　　　　　D. 监督检验证明

【答案】C

【解析】特种设备出厂时，应当附有安全技术规范要求的设计文件产品质量合格证明、安装及使用维修说明、监督检验证明等文件。

2. 出租单位在建筑起重机械首次出租前，自购建筑起重机械的使用单位在建筑起重机械首次安装前，应当到本单位工商注册所在地（　　）级以上地方人民政府建设主管部门办理备案。

A. 镇　　　　　　　　　　　　　　　　B. 县

C. 市　　　　　　　　　　　　　　　　D. 省

【答案】B

【解析】出租单位在建筑起重机械首次出租前，自购建筑起重机械的使用单位在建筑起重机械首次安装前，应当持建筑起重机械特种设备制造许可证、产品合格证和制造监督检验证明到本单位工商注册所在地县级以上地方人民政府建设主管部门办理备案。

3. 以下哪种条件的建筑起重机械不需报废（　　）。

A. 属国家明令淘汰或者禁止使用的

B. 超过安全技术标准或者制造厂家规定的使用年限

C. 经检验达到安全技术标准规定的

D. 达到省《建筑施工塔式起重机、施工升降机报废规程的》

【答案】C

【解析】《建筑起重机械安全监督管理规定》中第七条　有下列情形之一的建筑起重机械，不得出租、使用：

（一）属国家明令淘汰或者禁止使用的；

（二）超过安全技术标准或者制造厂家规定的使用年限的；

（三）经检验达不到安全技术标准规定的；

（四）没有完整安全技术档案的；

（五）没有齐全有效的安全保护装置的。

第八条　建筑起重机械有本规定第七条第（一）、（二）、（三）项情形之一的，出租单位或者自构建起重机械的使用单位应当予以报废，并向原备案机关办理注销手续。

4. 出租单位出租的建筑起重机械和使用单位购置、租赁和使用的建筑起重机械不必具有的材料是（　　）。

A. 安装及使用维修说明　　　　　　B. 特种设备制造许可证

C. 产品合格证　　　　　　　　　　D. 制造监督检验证明

【答案】A

【解析】《建筑起重机械安全监督管理规定》中第四条　出租单位出租的建筑起重机械和使用单位购置、租赁、使用的建筑起重机械应当具有特种设备制造许可证、产品合格证、制造监督检验证明。

5. 建筑起重机械除下列哪种情况外，出租单位或者自购建筑起重机械的使用单位应当予以报废，并向原备案机关办理注销手续（　　）。

A. 属国家明令淘汰或者禁止使用的

B. 超过安全技术标准或者制造厂家规定的使用年限

C. 经检验达不到安全技术标准规定的

D. 没有完整安全技术档案的

【答案】D

【解析】《建筑起重机械安全监督管理规定》第七条　有下列情形之一的建筑起重机械，不得出租、使用：

（一）属国家明令淘汰或者禁止使用的；

（二）超过安全技术标准或者制造厂家规定的使用年限的；

（三）经检验达不到安全技术标准规定的；

（四）没有完整安全技术档案的；

（五）没有齐全有效的安全保护装置的。

第八条　建筑起重机械有本规定第七条第（一）、（二）、（三）项情形之一的，出租单位或者自构建起重机械的使用单位应当予以报废，并向原备案机关办理注销手续。

6. 在施工现场安装、拆卸施工起重机械和整体提升脚手架、模板等自升式架设设施，必须由具有（　　）的单位承担。

A. 相应施工承包资质　　　　　　　B. 制造能力

C. 维修保养经验　　　　　　　　　D. 检测检验人员

【答案】A

【解析】在施工现场安装、拆卸施工起重机械和整体提升脚手架、模板等自升式架设设施，必须由具有相应资质的单位承担。

7. 塔机安装方案必须经（　　）人员（单位）签字（审核）合格后，方可实施。

A. 安装单位技术负责人   B. 总承包（使用）单位

C. 工程监理单位   D. 建设单位

【答案】A

【解析】按照安全技术标准及建筑起重机械性能要求，编制建筑起重机械安装、拆卸工程专项施工方案，并由本单位技术负责人签字。

8. 建筑起重机械安装前安装单位应当将建筑起重机械安装、拆卸工程专项施工方案，安装、拆卸人员名单，安装、拆卸时间等材料报施工承包单位和（　　　）审核后，告知工程所在地县级以上地方人民政府建设主管部门。

A. 安装单位   B. 使用单位

C. 租赁单位   D. 监理单位

【答案】D

【解析】将建筑起重机械安装、拆卸工程专项施工方案，安装、拆卸人员名单，安装、拆卸时间等材料报施工总承包单位和监理单位审核后，告知工程所在地县级以上地方人民政府建设主管部门。

9. 安装单位应当按照建筑起重机械（　　　）及安全操作规程组织安装、拆卸作业。

A. 国家有关标准   B. 使用说明书

C. 安装、拆卸专项施工方案   D. 相关条例

【答案】C

【解析】安装单位应当按照建筑起重机械安装、拆卸工程专项施工方案及安全操作规程组织安装、拆卸作业。

10. 建筑起重机械在（　　　）应当经有相应资质的检验检测机构监督检验合格。

A. 自检前   B. 验收前

C. 验收后   D. 使用前

【答案】B

【解析】建筑起重机械在验收前应当经有相应资质的检验检测机构监督检验合格。

11. 建筑起重机械使用单位在（　　　）对建筑起重机械的检查、维护、保养另有约定的，从其约定。

A. 建筑起重机械租赁合同中   B. 建筑起重机械安装合同中

C. 口头协议中   D. 转包协议中

【答案】A

【解析】建筑起重机械租赁合同对建筑起重机械的检查、维护、保养另有约定的，从其约定。

12. 建筑起重机械在使用过程中需要（　　　）的，使用单位委托原安装单位或者具有相应资质的安装单位按照专项施工方案实施后，并按规定组织验收，验收合格后方可投入使用。

A. 顶升   B. 附着

C. 检查   D. 维保

【答案】B

【解析】《建筑起重机械安全监督管理规定》第二十条　建筑起重机械在使用过程中需

要附着的，使用单位委托原安装单位或者具有相应资质的安装单位按照专项施工方案实施，并按照本规定第十六条规定组织验收，验收合格后方可投入使用。

13. 使用单位应当自建筑起重机械安装验收合格之日起（　　）日内，将建筑起重机械安装验收资料、建筑起重机械安全管理制度、特种作业人员名单等，向工程所在地县级以上地方人民政府建设主管部门办理建筑起重机械使用登记。

A. 7　　　　　　　　　　　B. 10

C. 15　　　　　　　　　　　D. 30

【答案】D

【解析】《建筑起重机械安全监督管理规定》第十七条　使用单位应当自建筑起重机械安装验收合格之日起30日内，将建筑起重机械安装验收资料、建筑起重机械安全管理制度、特种作业人员名单等，向工程所在地县级以上地方人民政府建设主管部门办理建筑起重机械使用登记。

14. 用人单位对于首次取得建筑施工特种作业资格证书的人员，应当在其上岗前安排不少于（　　）个月的实习操作。

A. 1　　　　　　　　　　　B. 2

C. 3　　　　　　　　　　　D. 4

【答案】C

【解析】《建筑施工特种作业人员管理规定》第十六条　用人单位对于首次取得资格证书的人员，应当在其正式上岗前安排不少于3个月的实习操作。

15. 用人单位应按规定组织特种作业人员参加年度安全教育培训或继续教育，培训时间不少于（　　）小时。

A. 8　　　　　　　　　　　B. 12

C. 24　　　　　　　　　　　D. 32

【答案】C

【解析】建筑施工特种作业人员应当参加年度安全教育培训或继续教育，每年不少于24小时。

16. 特种作业人员资格证书有效期两年。有效期满需要延期的，建筑施工特种作业人员应当于期满前（　　）个月内向原考核发证机关申请办理延期复核合格的，资格证书有效期延期2年。

A. 1　　　　　　　　　　　B. 2

C. 3　　　　　　　　　　　D. 4

【答案】C

【解析】《建筑施工特种作业人员管理规定》第二十二条　资格证书有效期为两年。有效期满需要延期的，建筑施工特种作业人员应当于期满前3个月内向原考核发证机关申请办理延期复核手续。延期复核合格的，资格证书有效期延期2年。

17. 建筑施工企业特种作业人员的考核，由下列（　　）级别行政主管部门负责组织实施。

A. 县级　　　　　　　　　　B. 市级

C. 省级　　　　　　　　　　D. 国务院建设主管部门

【答案】C

【解析】建筑施工企业特种作业人员的考核发证工作，由省、自治区、直辖市人民政府建设主管部门或其委托的考核发证机构负责组织实施。

18. 申请从事建筑施工特种作业的人员，下列应当具备的基本条件中哪项是错的。（　　）

A. 年满 16 周岁且符合相关工种规定的年龄要求

B. 经医院体检合格且无妨碍从事相应特种作业的疾病和生理缺陷

C. 初中及以上学历

D. 取得建筑施工特种作业人员操作资格证书

【答案】A

【解析】申请从事建筑施工特种作业的人员，应当具备下列基本条件：

（一）年满 18 周岁且符合相关工种规定的年龄要求；

（二）经医院体检合格且无妨碍从事相应特种作业的疾病和生理缺陷；

（三）初中及以上学历；

（四）符合相应特种作业需要的其他条件。

19. 建筑施工特种作业人员应当参加年度安全教育培训或者继续教育，每年不得少于（　　）小时。

A. 8　　　　　　　　　　　　　　B. 12

C. 24　　　　　　　　　　　　　　D. 32

【答案】C

【解析】建筑施工特种作业人员应当参加年度安全教育培训或继续教育，每年不少于 24 小时。

20. 建筑施工特种作业人员资格证书有效期为两年。有效期满需要延期的，经延期复核合格的，资格证书有效期延期（　　）年。

A. 1　　　　　　　　　　　　　　B. 2

C. 3　　　　　　　　　　　　　　D. 4

【答案】B

【解析】《建筑施工特种作业人员管理规定》第二十二条　资格证书有效期为两年。有效期满需要延期的，建筑施工特种作业人员应当于期满前 3 个月内向原考核发证机关申请办理延期复核手续。延期复核合格的，资格证书有效期延期 2 年。

21. 有效期满需要延期的，建筑施工特种作业人员应当于期满前（　　）个月内向原考核发证机关申请办理延期复核手续。延期复核合格的，资格证书有效期延期（　　）年。

A. 1，2　　　　　　　　　　　　B. 2，3

C. 3，2　　　　　　　　　　　　D. 2，1

【答案】C

【解析】《建筑施工特种作业人员管理规定》第二十二条　资格证书有效期为两年。有效期满需要延期的，建筑施工特种作业人员应当于期满前 3 个月内向原考核发证机关申请办理延期复核手续。延期复核合格的，资格证书有效期延期 2 年。

22. 工程建设强制性标准是不涉及（　　）方面。

A. 工程质量
B. 安全
C. 卫生
D. 造价

【答案】D

【解析】根据建设部《实施工程建设强制性标准监督规定》（建设部令第81号）中规定，在中华人民共和国境内从事新建、扩建、改建等工程建设活动中，直接涉及工程质量、安全、卫生及环境保护等方面，必须执行工程建设强制性标准。

23. 技术标准、规范及技术规程分为：国家标准、（　　　）、地方标准和企业标准。
A. 政府标准
B. 行业标准
C. 单位标准
D. 个人标准

【答案】B

【解析】技术标准、规范及技术规程分为：国家标准、行业标准、地方标准和企业标准。

三、多选题

1. 《建筑起重机械安全监督管理规定》明确了建筑起重机械的范围和（　　　）的管理及监督的相关规定。
A. 租赁
B. 安装
C. 拆卸
D. 使用
E. 维护

【答案】ABCD

【解析】《建筑起重机械安全监督管理规定》明确了建筑起重机械的范围和租赁、安装、拆卸、使用的管理及监督的相关规定。

2. 特种设备出厂时，应当附有安全技术规范要求的（　　　）等文件。
A. 设计文件产品质量合格证明
B. 安装及使用维修说明
C. 特种设备制造许可证
D. 监督检验证明
E. 安全技术档案

【答案】ABD

【解析】特种设备出厂时，应当附有安全技术规范要求的设计文件产品质量合格证明、安装及使用维修说明、监督检验证明等文件。

3. 建筑起重机械属于（　　　），产权单位应当及时采取解体等销毁措施予以报废，并向设备备案机关办理备案注销手续。
A. 属国家明令淘汰或者禁止使用的
B. 超过安全技术标准或者制造厂家规定的使用年限
C. 经检验达不到安全技术标准规定的
D. 达到省《建筑施工塔式起重机、施工升降机报废规程的》
E. 没有齐全有效的安全保护装置的

【答案】ABCDE

【解析】《建筑起重机械安全监督管理规定》第七条　有下列情形之一的建筑起重机械，不得出租、使用：

（一）属国家明令淘汰或者禁止使用的；

（二）超过安全技术标准或者制造厂家规定的使用年限的；

（三）经检验达不到安全技术标准规定的；

（四）没有完整安全技术档案的；

（五）没有齐全有效的安全保护装置的。

第八条　建筑起重机械有本规定第七条第（一）、（二）、（三）项情形之一的，出租单位或者自购建起重机械的使用单位应当予以报废，并向原备案机关办理注销手续。

4. 出租单位出租的建筑起重机械和使用单位（　　）的建筑起重机械应当具有特种设备制造许可证、产品合格证、制造监督检验证明。

A. 购置　　　　　　　B. 租赁

C. 使用　　　　　　　D. 安装

E. 维护

【答案】ABC

【解析】《建筑起重机械安全监督管理规定》第四条　出租单位出租的建筑起重机械和使用单位购置、租赁、使用的建筑起重机械应当具有特种设备制造许可证、产品合格证、制造监督检验证明。

5. 有（　　）等情形之一的建筑起重机械，不得出租、使用。

A. 属国家明令淘汰或者禁止使用的

B. 超过安全技术标准或者制造厂家规定的使用年限

C. 经检验达不到安全技术标准规定的

D. 没有完整安全技术档案的

E. 没有齐全有效的安全保护装置的

【答案】ABCDE

【解析】第七条　有下列情形之一的建筑起重机械，不得出租、使用：

（一）属国家明令淘汰或者禁止使用的；

（二）超过安全技术标准或者制造厂家规定的使用年限的；

（三）经检验达不到安全技术标准规定的；

（四）没有完整安全技术档案的；

（五）没有齐全有效的安全保护装置的。

6. 出租单位应当在签订的建筑起重机械租赁合同中，明确租赁双方的安全责任，并出具建筑起重机械（　　）等并提交安装使用说明书。

A. 特种设备制造许可证　　　　　　　B. 产品合格证

C. 制造监督检验证明　　　　　　　　D. 备案证明

E. 自检合格证明

【答案】ABCDE

【解析】《建筑起重机械安全监督管理规定》第六条　出租单位应当在签订的建筑起重机械租赁合同中，明确租赁双方的安全责任，并出具建筑起重机械特种设备制造许可证、产品合格证、制造监督检验证明、备案证明和自检合格证明，并提交安装使用说明书。

7. 建筑起重机械有本规定有（　　）情形之一的，出租单位或者自购建筑起重机械的使用单位应当予以报废，并向原备案机关办理注销手续。

A. 属国家明令淘汰或者禁止使用的

B. 超过安全技术标准或者制造厂家规定的使用年限

C. 经检验达不到安全技术标准规定的

D. 没有完整安全技术档案的

E. 没有齐全有效的安全保护装置的

【答案】ABC

【解析】《建筑起重机械安全监督管理规定》第七条　有下列情形之一的建筑起重机械，不得出租、使用：

（一）属国家明令淘汰或者禁止使用的；

（二）超过安全技术标准或者制造厂家规定的使用年限的；

（三）经检验达不到安全技术标准规定的；

（四）没有完整安全技术档案的；

（五）没有齐全有效的安全保护装置的。

第八条　建筑起重机械有本规定第七条第（一）、（二）、（三）项情形之一的，出租单位或者自构建起重机械的使用单位应当予以报废，并向原备案机关办理注销手续。

8. 建筑起重机械安装前安装单位应当将建筑起重机械安装、拆卸工程专项施工方案，安装、拆卸人员名单，安装、拆卸时间等材料报（　　）审核后，告知工程所在地县级以上地方人民政府建设主管部门。

A. 施工总承包单位　　　　　　　　B. 使用单位

C. 租赁单位　　　　　　　　　　　D. 监理单位

E. 维修单位

【答案】AD

【解析】将建筑起重机械安装、拆卸工程专项施工方案，安装、拆卸人员名单，安装、拆卸时间等材料报施工总承包单位和监理单位审核后，告知工程所在地县级以上地方人民政府建设主管部门。

9. 安装单位应当按照建筑起重机械（　　）组织安装、拆卸作业。

A. 国家有关标准　　　　　　　　　B. 使用说明书

C. 安装、拆卸专项施工方案　　　　D. 安全操作规程

E. 相关法规

【答案】CD

【解析】安装单位应当按照建筑起重机械安装、拆卸工程专项施工方案及安全操作规程组织安装、拆卸作业。

10. 建筑起重机械安装单位应当履行（　　）等安全职责。

A. 编制建筑起重机械安装、拆卸工程专项施工方案，并由本单位技术负责人签字

B. 组织安全施工技术交底并签字确认

C. 制定建筑起重机械安装、拆卸工程生产安全事故应急救援预案

D. 安拆前将审核后的有关资料向工程所在地县级以上地方人民政府建设主管部门办

理安装告知

　　E. 按照安全技术标准及安装说明书等检查建筑起重机械及现场施工条件

【答案】ABCDE

　　【解析】《建筑起重机械安全监督管理规定》第十二条　安装单位应当履行下列安全职责：

　　（一）按照安全技术标准及建筑起重机械性能要求，编制建筑起重机械安装、拆卸工程专项施工方案，并由本单位技术负责人签字；

　　（二）按照安全技术标准及安装说明书等检查建筑起重机械及现场施工条件；

　　（三）组织安全施工技术交底并签字确认；

　　（四）制定建筑起重机械安装、拆卸工程生产安全事故应急救援预案；

　　（五）将建筑起重机械安装、拆卸工程专项施工方案，安装、拆卸人员名单，安装、拆卸时间等材料报施工总承包单位和监理单位审核后，告知工程所在地县级以上地方人民政府建设主管部门。

　　11. 安装单位应当建立下列那些建筑起重机械安装、拆卸工程档案：（　　　　）。

　　A. 安装、拆卸合同及安全协议书

　　B. 安装、拆卸工程专项施工方案

　　C. 安全施工技术交底的有关资料

　　D. 安装工程验收资料

　　E. 安装、拆卸工程生产安全事故应急救援预案

【答案】ABCDE

　　【解析】建筑起重机械安装、拆卸工程档案应当包括以下资料：

　　（一）安装、拆卸合同及安全协议书；

　　（二）安装、拆卸工程专项施工方案；

　　（三）安全施工技术交底的有关资料；

　　（四）安装工程验收资料；

　　（五）安装、拆卸工程生产安全事故应急救援预案。

　　12. 建筑起重机械使用单位应当履行（　　）等安全职责。

　　A. 制定建筑起重机械生产安全事故应急救援预案

　　B. 设置相应的设备管理机构或者配备专职的设备管理人员

　　C. 指定专职设备管理人员、专职安全生产管理人员进行现场监督检查

　　D. 建筑起重机械出现故障或者发生异常情况的，立即停止使用，消除故障和事故隐患后，方可重新投入使用

　　E. 在建筑起重机械活动范围内设置明显的安全警示标志，对集中作业区域做好安全防护

【答案】ABCDE

　　【解析】《建筑起重机械安全监督管理规定》第十八条　使用单位应当履行下列安全职责：

　　（一）根据不同施工阶段、周围环境以及季节、气候的变化，对建筑起重机械采取相应的安全防护措施；

（二）制定建筑起重机械生产安全事故应急救援预案；

（三）在建筑起重机械活动范围内设置明显的安全警示标志，对集中作业区域做好安全防护；

（四）设置相应的设备管理机构或者配备专职的设备管理人员；

（五）指定专职设备管理人员、专职安全生产管理人员进行现场监督检查；

（六）建筑起重机械出现故障或者发生异常情况的，立即停止使用，消除故障和事故隐患后，方可重新投入使用。

13. 建筑起重机械施工总承包单位应当履行（　　）等安全职责。

A. 审核建筑起重机械原始资料、安装单位资质证书和特种作业人员操作资格证书

B. 审核安装单位制定的建筑起重机械安装、拆卸工程专项施工方案和生产安全事故应急救援预案

C. 审核使用单位制定的建筑起重机械生产安全事故应急救援预案

D. 指定专职安全生产管理人员监督检查建筑起重机械安装、拆卸、使用情况

E. 施工现场有多台塔式起重机作业时，应当组织制定并实施防止塔式起重机相互碰撞的安全措施

【答案】ABCDE

【解析】《建筑起重机械安全监督管理规定》第二十一条　施工总承包单位应当履行下列安全职责：

（一）向安装单位提供拟安装设备位置的基础施工资料，确保建筑起重机械进场安装、拆卸所需的施工条件；

（二）审核建筑起重机械的特种设备制造许可证、产品合格证、制造监督检验证明、备案证明等文件；

（三）审核安装单位、使用单位的资质证书、安全生产许可证和特种作业人员的特种作业操作资格证；

（四）审核安装单位制定的建筑起重机械安装、拆卸工程专项施工方案和生产安全事故应急救援预案；

（五）审核使用单位制定的建筑起重机械生产安全事故应急救援预案；

（六）指定专职安全生产管理人员监督检查建筑起重机械安装、拆卸、使用情况；

（七）施工现场有多台塔式起重机作业时，应当组织制定并实施防止塔式起重机相互碰撞的安全措施。

14. 建筑起重机械（　　）等特种作业人员应当经建设主管部门考核合格，并取得特种作业操作资格证书后，方可上岗作业。

A. 安装拆卸工　　　　　　　　　　B. 起重信号工

C. 起重司机　　　　　　　　　　　D. 司索工

【答案】ABCD

【解析】《建筑施工特种作业人员管理规定》第三条　建筑施工特种作业包括：

（一）建筑电工；

（二）建筑架子工；

（三）建筑起重信号司索工；

（四）建筑起重机械司机；

（五）建筑起重机械安装拆卸工；

（六）高处作业吊篮安装拆卸工；

（七）经省级以上人民政府建设主管部门认定的其他特种作业。

15. 申请从事建筑施工特种作业的人员，下列应当具备的基本条件中哪几项是正确的（　　）。

A. 年满 16 周岁且符合相关工种规定的年龄要求

B. 经医院体检合格且无妨碍从事相应特种作业的疾病和生理缺陷

C. 初中及以上学历

D. 取得建筑施工特种作业人员操作资格证书

E. 符合相应特种作业需要的其他条件

【答案】BCDE

【解析】申请从事建筑施工特种作业的人员，应当具备下列基本条件：

（一）年满 18 周岁且符合相关工种规定的年龄要求；

（二）经医院体检合格且无妨碍从事相应特种作业的疾病和生理缺陷；

（三）初中及以上学历；

（四）符合相应特种作业需要的其他条件。

16. 工程建设强制性标准是直接涉及（　　）等方面的工程建设标准强制性条文。

A. 工程质量 B. 安全

C. 卫生 D. 环境保护

E. 造价

【答案】ABCD

【解析】根据建设部《实施工程建设强制性标准监督规定》（建设部令第 81 号）中规定，在中华人民共和国境内从事新建、扩建、改建等工程建设活动中，直接涉及工程质量、安全、卫生及环境保护等方面，必须执行工程建设强制性标准。

17. 技术标准、规范及技术规程分为：（　　）。

A. 国家标准 B. 行业标准

C. 地方标准 D. 企业标准

E. 国际标准

【答案】ABCD

【解析】技术标准、规范及技术规程分为：国家标准、行业标准、地方标准和企业标准。

第二章 建筑机械的选用、购置与租赁

一、判断题

1. 选择施工机械的主要依据是根据本企业各施工项目的工程特点、施工方法、工程量、施工进度以及经济效益等综合因素来决定。

【答案】正确

【解析】选择建筑施工机械的主要依据是根据本企业各施工项目的工程特点、施工方法、工程量、施工进度以及经济效益等综合因素来决定。

2. 施工企业装备来源只可采用自购。

【答案】错误

【解析】施工企业装备来源除自购以外，还可通过实物租赁方式获取。

3. 租赁公司向施工企业出租建筑机械，由施工企业负责建筑机械的操作和维修。

【答案】错误

【解析】租赁公司向施工企业出租建筑机械，大多数租赁企业负责建筑机械的操作和维修。

4. 对于设备的购置管理，一般公司都制定了严格的规章制度，具体程序按照企业制度执行。

【答案】正确

【解析】对于设备的购置管理，一般公司都制定了严格的规章制度，具体程序按照企业制度执行。

5. 在建筑机械租赁市场比较完善的地区，租赁公司选择的余地较大，如何选择好租赁公司，对施工生产影响较大。

【答案】正确

【解析】在建筑机械租赁市场比较完善的地区，租赁公司选择的余地较大，如何选择好租赁公司，对施工生产影响较大。

6. 租赁合同由项目经理或公司有关负责人签字、盖章，报公司有关部门备案。

【答案】正确

【解析】租赁合同由项目经理或公司有关负责人签字、盖章，报公司有关部门备案。

二、单选题

1. 在道路工程施工中必须考虑到施工的成本，体现了哪项建筑机械选用的一般原则：
（　　）。

A. 施工机械应具有先进性

B. 施工机械应具备较好的经济性

C. 施工机械应具有较好的工程适应性

D. 施工机械应具有良好的通用性或专用性

【答案】B

【解析】在道路工程施工中必须考虑到施工的成本,体现了哪项建筑机械选用的一般原则:施工机械应具备较好的经济性。

2.专用建筑机械的选择,应根据工程性质、工程质量、工程安全来决定,体现了哪项建筑机械选用的一般原则:(　　)。

A. 施工机械应具有先进性

B. 施工机械应具备较好的经济性

C. 施工机械应具有较好的工程适应性

D. 施工机械应具有良好的通用性或专用性

【答案】D

【解析】专用建筑机械的选择,应根据工程性质、工程质量、工程安全来决定,体现了哪项建筑机械选用的一般原则:施工机械应具有良好的通用性或专用性。

3.选择一家好的施工机械租赁公司的基本要求不包括(　　)。

A. 信誉好　　　　　　　　　　B. 服务好

C. 设备好　　　　　　　　　　D. 价格低

【答案】D

【解析】在建筑机械租赁市场比较完善的地区,租赁公司选择的余地较大,如何选择好租赁公司,对施工生产影响较大。基本条件是:信誉好、服务好、设备好、管理好。

三、多选题

1.选择施工机械的主要依据是:(　　)。

A. 工程量　　　　　　　　　　B. 施工方法

C. 施工进度　　　　　　　　　D. 工程特点

E. 经济效益

【答案】ABCDE

【解析】选择施工机械的主要依据是根据本企业各施工项目的工程特点、施工方法、工程量、施工进度以及经济效益等综合因素来决定。

2.选择施工机械一般遵循哪些原则:(　　)。

A. 施工机械应具有先进性

B. 施工机械应具备较好的经济性

C. 施工机械应具有较好的工程适应性

D. 施工机械应具有良好的通用性或专用性

E. 施工机械应具备较高的安全性

【答案】ABCDE

【解析】建筑机械选用的一般原则:

(1) 具有先进性;

(2) 具备较好的经济性;

(3) 具有较好的工程适应性;

(4) 具有良好的通用性或专用性;

（5）具备较高的安全性。

3. 施工三要素是指（　　）。

A. 施工质量 　　　　　　　　　　B. 施工速度

C. 施工进度 　　　　　　　　　　D. 施工安全

E. 施工方案

【答案】ACD

【解析】施工质量、施工进度及施工安全被称为施工三要素。

4. 订货合同的内容应包括（　　）。

A. 设备名称 　　　　　　　　　　B. 型号规格

C. 生产厂家 　　　　　　　　　　D. 注册商标

E. 数量

【答案】ABCDE

【解析】订货合同的内容应包括：设备名称、型号规格、生产厂家、注册商标、数量。

5. 选择一家好的施工机械租赁公司的基本要求是：（　　）。

A. 信誉好 　　　　　　　　　　　B. 服务好

C. 设备好 　　　　　　　　　　　D. 管理好

E. 价格低

【答案】ABCD

【解析】在建筑机械租赁市场比较完善的地区，租赁公司选择的余地较大，如何选择好租赁公司，对施工生产影响较大。基本条件是：信誉好、服务好、设备好、管理好。

第三章　建筑机械安全运行与维护

一、判断题

1. 企业主要负责人要切实承担安全生产第一责任人的责任。

【答案】正确

【解析】企业主要负责人要切实承担安全生产第一责任人的责任。

2. 生产经营单位安全生产事故应急预案是国家安全生产应急预案体系的重要组成部分。

【答案】正确

【解析】生产经营单位安全生产事故应急预案是国家安全生产应急预案体系的重要组成部分。

3. 应急准备和响应预案要坚持"安全第一，预防为主，综合治理"的方针。

【答案】正确

【解析】应急准备和响应预案要坚持"安全第一，预防为主，综合治理"的方针。

4. 建筑起重机械备案是由建设主管部门根据规定，对产权单位的建筑起重机械进行登记编号，发给备案证明。

【答案】正确

【解析】建筑起重机械备案是由建设主管部门根据规定，对产权单位的建筑起重机械进行登记编号，发给备案证明。

5. 安装单位依法取得建设主管部门颁发的相应资质，同时还必须取得建筑施工企业安全生产许可证，以保证安装拆卸的施工工程安全。

【答案】正确

【解析】安装单位依法取得建设主管部门颁发的相应资质，同时还必须取得建筑施工企业安全生产许可证，以保证安装拆卸的施工工程安全。

6. 建筑起重机械经验收合格后方可投入使用，未经验收或者验收不合格的不得使用。

【答案】正确

【解析】建筑起重机械经验收合格后方可投入使用，未经验收或者验收不合格的不得使用。

7. 维修人员经过专门的理论学习和实际维修技能练习能够胜任设备的维修工作。

【答案】正确

【解析】维修人员经过专门的理论学习和实际维修技能练习能够胜任设备的维修工作。

二、单选题

1. （　　）是施工企业管理的一项基本制度，覆盖设备管理的全过程。

A. 建筑机械检查制度
B. 建筑机械管理制度
C. 安全生产责任制
D. 安全教育制度

【答案】B

【解析】建筑机械管理制度是施工企业管理的一项基本制度，覆盖设备管理的全过程。

2.（　　）是施工企业安全管理最基本的一项制度。

A. 建筑机械检查制度　　　　　　　B. 建筑机械管理制度

C. 安全生产责任制　　　　　　　　D. 安全教育制度

【答案】C

【解析】安全生产责任制是施工企业安全管理最基本的一项制度。

3. 大型起重机械现场事故应急救援领导小组中，主要负责事故发生后现场指挥工作的是（　　）。

A. 指挥组　　　　　　　　　　　　B. 抢救组

C. 人员疏散组　　　　　　　　　　D. 排障组

【答案】A

【解析】指挥组，主要负责事故发生后现场指挥工作。

4. 大型起重机械现场事故应急救援领导小组中，事故发生后立即开展伤员救护工作的是（　　）。

A. 指挥组　　　　　　　　　　　　B. 抢救组

C. 人员疏散组　　　　　　　　　　D. 排障组

【答案】B

【解析】抢救组，事故发生后立即开展伤员救护工作。

5. 大型起重机械现场事故应急救援领导小组中，主要负责事故发生后疏散与抢险、抢救工作无关人员的是（　　）。

A. 指挥组　　　　　　　　　　　　B. 抢救组

C. 人员疏散组　　　　　　　　　　D. 排障组

【答案】C

【解析】人员疏散组，主要负责事故发生后疏散与抢险、抢救工作无关人员。

6. 大型起重机械现场事故应急救援领导小组中，负责事故发生后事故现场的清理的是（　　）。

A. 指挥组　　　　　　　　　　　　B. 抢救组

C. 人员疏散组　　　　　　　　　　D. 排障组

【答案】D

【解析】排障组，负责事故发生后事故现场的清理。

7. 参与制定建筑机械管理制度体现的机械员工作职责是（　　）。

A. 机械管理计划　　　　　　　　　B. 建筑机械前期准备

C. 建筑机械安全使用　　　　　　　D. 建筑机械成本核算

【答案】A

【解析】机械管理计划：参与制定建筑机械使用计划，负责制定维护保养计划；参与制定建筑机械管理制度。

8. 参与施工总平面布置及建筑机械的采购或租赁，体现的机械员工作职责是（　　）。

A. 机械管理计划　　　　　　　　　B. 建筑机械前期准备

C. 建筑机械安全使用　　　　　　　　D. 建筑机械成本核算

【答案】B

【解析】建筑机械前期准备：参与施工总平面布置及建筑机械的采购或租赁。

9. 参与建筑机械设备事故调查、分析和处理，体现的机械员工作职责是（　　　）。

A. 机械管理计划　　　　　　　　　　B. 建筑机械前期准备

C. 建筑机械安全使用　　　　　　　　D. 建筑机械成本核算

【答案】C

【解析】建筑机械安全使用：参与建筑机械设备事故调查、分析和处理。

10. 参与建筑机械租赁结算，体现的机械员工作职责是（　　　）。

A. 机械管理计划　　　　　　　　　　B. 建筑机械前期准备

C. 建筑机械安全使用　　　　　　　　D. 建筑机械成本核算

【答案】D

【解析】建筑机械成本核算：参与建筑机械租赁结算。

11. 负责汇总、整理、移交建筑机械资料，体现的机械员工作职责是（　　　）。

A. 机械管理计划　　　　　　　　　　B. 建筑机械前期准备

C. 建筑机械安全使用　　　　　　　　D. 建筑机械资料管理

【答案】D

【解析】建筑机械资料管理：负责编制建筑机械安全、技术管理资料；负责汇总、整理、移交建筑机械资料。

12. 下列不属于"四懂"的是（　　　）。

A. 懂原理　　　　　B. 懂保养　　　　　C. 懂性能　　　　　D. 懂用途

【答案】B

【解析】建筑机械操作人员要努力做到"四懂"（懂原理、懂构造、懂性能、懂用途）。

13. 下列不属于"四会"的是（　　　）。

A. 会使用　　　　　B. 会保养　　　　　C. 会检查　　　　　D. 会组装

【答案】D

【解析】建筑机械操作人员要努力做到"四会"（会使用、会保养、会检查、会排除故障）。

三、多选题

1. 机械员的主要工作职责是（　　　）。

A. 机械管理计划　　　　　　　　　　B. 建筑机械前期准备

C. 建筑机械安全使用　　　　　　　　D. 建筑机械成本核算

E. 建筑机械资料管理

【答案】ABCDE

【解析】机械员的主要工作职责是：

（1）机械管理计划；

（2）建筑机械前期准备；

（3）建筑机械安全使用；

（4）建筑机械成本核算；

（5）建筑机械资料管理。

2. 企业内部建筑机械检查活动分为（　　）等多种检查形式。

A. 定期检查　　　　B. 不定期检查　　　　C. 日常巡查　　　　D. 全面检查

E. 突击检查

【答案】ABC

【解析】企业内部建筑机械检查活动分为定期检查、不定期检查、日常巡查等多种检查形式。

3. 通常所讲的机械设备保养"十字"作业法是指（　　）等。

A. 清洁　　　　　B. 润滑　　　　　C. 调整　　　　　D. 紧固

E. 防腐

【答案】ABCDE

【解析】现代设备的管理要求是全员参加的设备管理维修体制，机械操作者应以"我的设备我维护"的理念投入工作中，坚持对设备进行检查保养，执行"十字"作业，即清洁、调整、润滑、紧固、防腐，可以延续设备的使用寿命，排除安全隐患。

4. 建筑机械操作人员要努力做到"四懂"，即（　　）。

A. 懂原理　　　　B. 懂构造　　　　C. 懂性能　　　　D. 懂用途

E. 懂维修

【答案】ABCD

【解析】建筑机械操作人员要努力做到"四懂"（懂原理、懂构造、懂性能、懂用途）。

5. 建筑机械操作人员要努力做到"四会"，即（　　）。

A. 会使用　　　　B. 会保养　　　　C. 会检查　　　　D. 会排除故障

E. 会拆卸

【答案】ABCD

【解析】建筑机械操作人员要努力做到"四会"（会使用、会保养、会检查、会排除故障）。

第四章　建筑机械维修

一、判断题

1. 建筑机械在工作过程中，因某种原因丧失规定功能或危害安全的现象称为故障。

【答案】正确

【解析】建筑机械在工作过程中，因某种原因丧失规定功能或危害安全的现象称为故障。

2. 建筑机械规定功能是指在设备的技术文件中明确规定的功能。

【答案】正确

【解析】建筑机械规定功能是指在设备的技术文件中明确规定的功能。

3. 建筑机械的故障50％以上是由润滑不良引起的。

【答案】正确

【解析】建筑机械的故障50％以上是由润滑不良引起的。

4. 焊接是零件修复过程中最主要和最基本方法。

【答案】错误

【解析】机械加工是零件修复过程中最主要和最基本方法。

5. 维修包含维护和修理两个层面。

【答案】正确

【解析】维修包含维护和修理两个层面。

6. 建筑机械由于建筑机械结构不同、使用条件不同，其性质和具体工作内容有所变化。

【答案】正确

【解析】建筑机械由于建筑机械结构不同、使用条件不同，其性质和具体工作内容有所变化。

7. 计划外维修的次数和工作量越少，表明管理水平越高。

【答案】正确

【解析】计划外维修的次数和工作量越少，表明管理水平越高。

二、单选题

1. 建筑机械在工作过程中，因某种原因丧失规定功能或危害安全的现象称为（　　）。
A. 事故
B. 危险
C. 故障
D. 异常

【答案】C

【解析】建筑机械在工作过程中，因某种原因丧失规定功能或危害安全的现象称为故障。

2. 下列不属于机械故障率随时间的变化阶段的是（　　）。

A. 早期故障期　　　　　　　　　　B. 偶发故障期

C. 消耗故障期　　　　　　　　　　D. 后期故障期

【答案】D

【解析】机械的故障率随时间的变化大致分为三个阶段：早期故障期、偶发故障期和消耗故障期。

3. 下列故障类型属于松脱型故障的是（　　　）。

A. 老化　　　　　　　　　　　　　B. 剥落

C. 脱落　　　　　　　　　　　　　D. 断裂

【答案】C

【解析】松脱型故障：如松动、脱落等。

4. 下列故障类型属于退化型故障的是（　　　）。

A. 松动　　　　　　　　　　　　　B. 剥落

C. 脱落　　　　　　　　　　　　　D. 断裂

【答案】B

【解析】退化型故障：如老化、变质、剥落、异常磨损等。

5. 下列故障类型属于损坏型故障的是（　　　）。

A. 松动　　　　　　　　　　　　　B. 剥落

C. 脱落　　　　　　　　　　　　　D. 断裂

【答案】D

【解析】损坏型故障：如断裂、开裂、点蚀、烧蚀、变形、拉伤、龟裂、压痕等。

6. 建筑机械故障零件修理法中，最主要、最基本的方法是（　　　）。

A. 机械加工　　　　　　　　　　　B. 焊接

C. 压力加工　　　　　　　　　　　D. 胶接

【答案】A

【解析】机械加工是零件修复过程中最主要和最基本方法。

7. 建筑机械故障零件修理法中，用于修理工作、被称为焊修的是（　　　）。

A. 机械加工　　　　　　　　　　　B. 焊接

C. 压力加工　　　　　　　　　　　D. 胶接

【答案】B

【解析】焊接技术用于修理工作称为焊修。

8. 挤压法、扩张法属于建筑机械故障零件修理法中的（　　　）。

A. 机械加工　　　　　　　　　　　B. 焊接

C. 压力加工　　　　　　　　　　　D. 胶接

【答案】C

【解析】压力加工如镦粗法、挤压法、扩张法等。

9.（　　　）就是通过胶黏剂将两个以上同质或不同质的物体连接在一起。

A. 机械加工　　　　　　　　　　　B. 焊接

C. 压力加工　　　　　　　　　　　D. 胶接

【答案】D

【解析】胶接就是通过胶黏剂将两个以上同质或不同质的物体连接在一起。

10. 建筑机械维护的几个基本方式中，采用"十字作业"的是（　　）。

A. 日常维护 B. 一级维护

C. 二级维护 D. 三级维护

【答案】A

【解析】日常维护："十字作业"，即清洁、润滑、紧固、调整、防腐。

11. 建筑机械维护的几个基本方式中，中心是紧固、润滑作业的是（　　）作业。

A. 日常维护 B. 一级维护

C. 二级维护 D. 三级维护

【答案】B

【解析】一级维护作业的中心是紧固、润滑作业。

12. （　　）的实质是通过对建筑机械总成进行深入的检查和调整，以保证运转一定时间后仍能保持正常的使用性能。

A. 日常维护 B. 一级维护

C. 二级维护 D. 三级维护

【答案】C

【解析】二级维护的实质是通过对建筑机械总成进行深入的检查和调整，以保证运转一定时间后仍能保持正常的使用性能。

13. 建筑机械维护的几个基本方式中，以解体总成，检查、调整和消除隐患为中心的是（　　）作业。

A. 日常维护 B. 一级维护

C. 二级维护 D. 三级维护

【答案】D

【解析】三级维护作业以解体总成，检查、调整和消除隐患为中心。

14. 下列不属于建筑机械修理方式的是（　　）。

A. 预防修理 B. 日常修理

C. 事后修理 D. 以可靠性为中心的修理

【答案】B

【解析】建筑机械修理方式大致可分为事后修理、预防修理和以可靠性为中心的修理。

15. 建筑机械的修理方式中，以建筑机械出现功能性故障为基础的是（　　）。

A. 预防修理 B. 日常修理

C. 事后修理 D. 以可靠性为中心的修理

【答案】C

【解析】事后修理属于非计划性修理，它以建筑机械出现功能性故障为基础。

16. 建筑机械的修理方式中，以全面检修为主的修理是（　　）。

A. 预防修理 B. 日常修理

C. 事后修理 D. 以可靠性为中心的修理

【答案】A

【解析】预防性修理是一种以全面检修为主的修理。

17. 建筑机械的修理方式中，简称 RCM 的是（ ）。

A. 预防修理
B. 日常修理
C. 事后修理
D. 以可靠性为中心的修理

【答案】D

【解析】以可靠性为中心的修理，简称 RCM，是建立在"以预防为主"的实践基础上，但又改变了传统的修理观念。

18. 修理的主要类别中，全面或基本恢复机械设备功能的是（ ）。

A. 大修
B. 项修
C. 小修
D. 改造

【答案】A

【解析】大修：全面或基本恢复机械设备的功能，一般由专业修理人员或在修理中心进行。

19. （ ）是一种介于大修和小修之间的层次，为平衡型修理。

A. 大修
B. 项修
C. 小修
D. 改造

【答案】B

【解析】项修是一种介于大修和小修之间的层次，为平衡型修理。

20. 修理的主要类别中，以更换或修复在维修间隔期内磨损严重或即将失效的零部件为目的的是（ ）。

A. 大修
B. 项修
C. 小修
D. 改造

【答案】C

【解析】小修以更换或修复在维修间隔期内磨损严重或即将失效的零部件为目的，不涉及对基础件的维修，是排除故障的维修。

21. 修理的主要类别中，以提高建筑机械功能、精度、生产率和可靠性为目的的是（ ）。

A. 大修
B. 项修
C. 小修
D. 改造

【答案】D

【解析】改造是用新技术、新材料、新结构和新工艺，在原建筑机械的基础上进行局部改造，以提高建筑机械功能、精度、生产率和可靠性为目的。

三、多选题

1. 机械的故障率随时间的变化大致分为（ ）。

A. 早期故障期
B. 偶发故障期
C. 消耗故障期
D. 后期故障期
E. 中期故障期

【答案】ABC

【解析】机械的故障率随时间的变化大致分为三个阶段：早期故障期、偶发故障期和消耗故障期。

2. 下列故障类型属于松脱型故障的是（　　　）。

A. 松动 　　　　　　　　　　B. 剥落

C. 脱落 　　　　　　　　　　D. 断裂

E. 拉伤

【答案】AC

【解析】松脱型故障：如松动、脱落等。

3. 下列故障类型属于退化型故障的是（　　　）。

A. 老化 　　　　　　　　　　B. 变质

C. 脱落 　　　　　　　　　　D. 剥落

E. 拉伤

【答案】ABD

【解析】退化型故障：如老化、变质、剥落、异常磨损等。

4. 下列故障类型属于损坏型故障的是（　　　）。

A. 松动 　　　　　　　　　　B. 变形

C. 拉伤 　　　　　　　　　　D. 断裂

E. 剥落

【答案】BCD

【解析】损坏型故障：如断裂、开裂、点蚀、烧蚀、变形、拉伤、龟裂、压痕等。

5. 建筑机械故障零件修理法包括（　　　）。

A. 机械加工 　　　　　　　　B. 焊接

C. 压力加工 　　　　　　　　D. 胶接

E. 铆接

【答案】ABCD

【解析】建筑机械故障零件修理法：1）一般机械加工法；2）焊接方法；3）压力加工；4）胶接。

6. 建筑机械故障零件换用、替代修理法包括（　　　）。

A. 一般机械加工法 　　　　　B. 换件修理法

C. 替代修理法 　　　　　　　D. 建筑机械故障零件弃置法

E. 正常修理法

【答案】BCD

【解析】建筑机械故障零件换用、替代修理法：1）换件修理法；2）替代修理法；3）建筑机械故障零件弃置法。

7. 以下属于建筑机械施工作业特点的是（　　　）。

A. 工作装置磨损严重 　　　　B. 施工带有突击性

C. 施工受季节影响大 　　　　D. 地理条件恶劣

E. 气候条件差

【答案】ABCDE

【解析】建筑机械施工作业特点：

（1）建筑机械工作的润滑条件差；

（2）工作装置磨损严重；

（3）施工带有突击性；

（4）施工受季节影响大；

（5）气候条件差；

（6）地理条件恶劣。

8. 建筑机械按维护作业组合的深度和广度可分为（　　　　）。

A. 日常维护　　　　　　　　　　　　B. 一级维护

C. 二级维护　　　　　　　　　　　　D. 三级维护

E. 四级维护

【答案】ABCD

【解析】建筑机械按维护作业组合的深度和广度可分为日常维护、一级维护、二级维护、三级维护等。

9. 建筑机械修理方式大致可分为（　　　　）。

A. 预防修理　　　　　　　　　　　　B. 日常修理

C. 事后修理　　　　　　　　　　　　D. 以可靠性为中心的修理

E. 全面修理

【答案】ACD

【解析】建筑机械修理方式大致可分为事后修理、预防修理和以可靠性为中心的修理。

10. 建筑机械修理的组织方法有（　　　　）。

A. 部件修理法　　　　　　　　　　　B. 分部修理法

C. 同步修理法　　　　　　　　　　　D. 定期精度调整

E. 单件修理法

【答案】ABCD

【解析】建筑机械修理的组织方法有：部件修理法、分部修理法、同步修理法和定期精度调整。

第五章　建筑机械成本核算

一、判断题

1. 单机大修理成本核算是由修理单位对大修竣工的建筑机械按照修理定额中划分的项目，分项计算其实际成本。

【答案】正确

【解析】单机大修理成本核算是由修理单位对大修竣工的建筑机械按照修理定额中划分的项目，分项计算其实际成本。

2. 单机核算就是对单台建筑机械进行经济核算。

【答案】正确

【解析】单机核算就是对单台建筑机械进行经济核算，其核心内容就是收入、成本支出和核算盈亏三大部分。

3. 根据建筑机械自身特点应建立起与之相配套的两种考核目标，可称为总费用法和单项费用法。

【答案】错误

【解析】根据建筑机械自身特点应建立起与之相配套的两种考核目标，可称为总费用法和单价指标法。

4. 正确、及时地进行成本核算，对于企业开展增产节约和实现高产、优质、低消耗、多积累具有重要意义。

【答案】正确

【解析】正确、及时地进行成本核算，对于企业开展增产节约和实现高产、优质、低消耗、多积累具有重要意义。

5. 施工项目有多台建筑机械，不同建筑机械也有不同的计租方法，由双方签订的租赁合同来确定。

【答案】正确

【解析】施工项目有多台建筑机械，不同建筑机械也有不同的计租方法，由双方签订的租赁合同来确定。

二、单选题

1. 建筑机械成本核算中，最基本的核算方式是（　　　）。

A. 单机核算
B. 人机核算
C. 班组核算
D. 维修核算

【答案】A

【解析】建筑机械成本核算包括单机核算、班组核算、维修核算等，其中单机核算为最基本的核算方式。

2. 由班组管理的中小型机械，一般适合于（　　　）。

A. 单机核算   B. 人机核算

C. 班组核算   D. 维修核算

【答案】C

【解析】由班组管理的中小型机械，一般适合于班组核算。

3. 建筑机械（   ）分为固定支出和变动支出两部分。

A. 收入   B. 成本支出

C. 利润   D. 核算盈亏

【答案】B

【解析】建筑机械成本支出分为固定支出和变动支出两部分。

4. 对单台建筑机械从购入到报废整个寿命期中的经济成果核算称为（   ）。

A. 收入核算   B. 成本支出核算

C. 寿命周期费用核算   D. 盈亏核算

【答案】C

【解析】对单台建筑机械从购入到报废整个寿命期中的经济成果核算称为寿命周期费用核算。

5. （   ）是指对各项经济业务中发生的成本，都必须按一定的标准和范围加以认定和记录。

A. 确认原则   B. 相关性原则

C. 一贯性原则   D. 配比原则

【答案】A

【解析】确认原则，是指对各项经济业务中发生的成本，都必须按一定的标准和范围加以认定和记录。

6. （   ）也称"决策有用原则"。

A. 确认原则   B. 相关性原则

C. 一贯性原则   D. 配比原则

【答案】B

【解析】相关性原则，也称"决策有用原则"。

7. （   ）是指企业成本核算所采用的方法应前后一致。

A. 确认原则   B. 相关性原则

C. 一贯性原则   D. 配比原则

【答案】C

【解析】一贯性原则，是指企业成本核算所采用的方法应前后一致。

8. （   ）是指企业核算要采用实际成本计价。

A. 确认原则   B. 相关性原则

C. 实际成本核算原则   D. 配比原则

【答案】C

【解析】实际成本核算原则，是指企业核算要采用实际成本计价。

9. （   ）是指营业收入与其相对应的成本、费用应当相互配合。

A. 确认原则   B. 相关性原则

C. 一贯性原则　　　　　　　　　　　　　D. 配比原则

【答案】D

【解析】配比原则，是指营业收入与其相对应的成本、费用应当相互配合。

10. 建筑机械租赁计价方式不包括（　　　）。

A. 日计租　　　　　　　　　　　　　　　B. 月计租

C. 台班计租　　　　　　　　　　　　　　D. 台时计租

【答案】A

【解析】建筑机械租赁计价方式通常有如下三种：月计租、台班计租、台时计租。

11. 建筑机械租赁计价方式中，（　　　）主要是指按月租赁的大型建筑机械的租金结算。

A. 日计租　　　　　　　　　　　　　　　B. 月计租

C. 台班计租　　　　　　　　　　　　　　D. 台时计租

【答案】B

【解析】月计租：这里主要是指按月租赁的大型建筑机械的租金结算。

12. 建筑机械租赁计价方式中，（　　　）主要是指按台班租赁的建筑机械的租金结算。

A. 日计租　　　　　　　　　　　　　　　B. 月计租

C. 台班计租　　　　　　　　　　　　　　D. 台时计租

【答案】C

【解析】台班计租：这里主要是指按台班租赁的建筑机械的租金结算。

13. 建筑机械租赁计价方式中，（　　　）主要是指按台时租赁的建筑机械的租金结算。

A. 日计租　　　　　　　　　　　　　　　B. 月计租

C. 台班计租　　　　　　　　　　　　　　D. 台时计租

【答案】D

【解析】台时计租：这里主要是指按台时租赁的建筑机械的租金结算。

三、多选题

1. 建筑机械成本核算包括（　　　）。

A. 单机核算　　　　　　　　　　　　　　B. 人机核算

C. 班组核算　　　　　　　　　　　　　　D. 维修核算

E. 单价核算

【答案】ACD

【解析】建筑机械成本核算包括单机核算、班组核算、维修核算等，其中单机核算为最基本的核算方式。

2. 单机大修理成本核算的主要项目有（　　　）。

A. 修理费　　　　　　　　　　　　　　　B. 工时费

C. 配件材料费　　　　　　　　　　　　　D. 油燃料及辅料

E. 成本费

【答案】BCD

【解析】单机大修理成本核算的主要项目有：1）工时费；2）配件材料费；3）油燃料

及辅料。

3. 单机核算的核心内容包括（　　　）。

A. 收入 B. 成本支出
C. 利润 D. 核算盈亏
E. 税费

【答案】ABD

【解析】单机核算就是对单台建筑机械进行经济核算，其核心内容就是收入、成本支出和核算盈亏三大部分。

4. 以下哪几项属于成本核算应遵循的原则（　　　）。

A. 确认原则 B. 相关性原则
C. 一贯性原则 D. 配比原则
E. 及时性原则

【答案】ABCDE

【解析】成本核算应遵循的原则：（1）确认原则；（2）分期核算原则；（3）相关性原则；（4）一贯性原则；（5）实际成本核算原则；（6）及时性原则；（7）配比原则；（8）权责发生制原则；（9）谨慎原则；（10）重要性原则；（11）明晰性原则。

5. 建筑机械租赁计价方式通常有（　　　）。

A. 日计租 B. 月计租
C. 台班计租 D. 台时计租
E. 年计租

【答案】BCD

【解析】建筑机械租赁计价方式通常有如下三种：月计租、台班计租、台时计租。

第六章　建筑机械临时用电

一、判断题

1. 临时用电施工组织设计的现场勘测可与建筑工程施工组织设计的现场勘测工作同时进行，或直接借用其勘测资料。

【答案】正确

【解析】临时用电施工组织设计的现场勘测可与建筑工程施工组织设计的现场勘测工作同时进行，或直接借用其勘测资料。

2. 导线的选择主要是选择导线的种类和导线的截面。

【答案】正确

【解析】选择配电导线，就是选择导线的型号和横截面积。

3. 导线截面的选择主要是依据线路负荷计算结果，其他方面可不考虑。

【答案】错误

【解析】导线截面的选择，主要从导线的机械强度、电流密度和电压降来考虑。

4. 施工现场停、送电的操作顺序是：送电时，总配电箱→分配电箱→开关箱；停电时，开关箱→分配电箱→总配电箱。

【答案】正确

【解析】配电箱、开关箱必须按照下列顺序操作：

送电操作顺序为：总配电箱→分配电箱→开关箱；

停电操作顺序为：开关箱→分配电箱→总配电箱。

5. 送电操作顺序为，开关箱→分配电箱→总配电箱。

【答案】错误

【解析】配电箱、开关箱必须按照下列顺序操作：

送电操作顺序为：总配电箱→分配电箱→开关箱；

停电操作顺序为：开关箱→分配电箱→总配电箱。

6. 停电操作顺序为：总配电箱→分配电箱→开关箱。

【答案】错误

【解析】配电箱、开关箱必须按照下列顺序操作：

送电操作顺序为：总配电箱→分配电箱→开关箱；

停电操作顺序为：开关箱→分配电箱→总配电箱。

7. PE线应在引出点，配电线路中间做不少于三处的重复接地。

【答案】正确

【解析】保护零线在总配电箱、配电线路中间和末端至少三处做重复接地。

8. 一个开关箱可以直接控制2台及2台以上用电设备（含插座）。

【答案】错误

【解析】每台用电设备必须有各自专用的开关箱，严禁用同一个开关箱控制2台及2

台以上用电设备（含插座）。

9. 每台用电设备应有各自专用的开关箱，必须实行"一机一闸"制，严禁用同一个开关电器直接控制二台及二台以上用电设备。

【答案】正确

【解析】每台用电设备必须有各自专用的开关箱，严禁用同一个开关箱控制2台及2台以上用电设备（含插座）。

10. 施工现场用电系统的接地、接零保护系统分 TT 系统和 TN 系统两大类。

【答案】正确

【解析】目前，施工现场用电系统的接地、接零保护系统分两大类：TT 系统和 TN 系统。

11. 一般场所开关箱中漏电保护器的额定漏电动作电流应不大于 30mA，额定漏电动作时间不大于 0.1s。

【答案】正确

【解析】一般场所开关箱中漏电保护器的额定漏电动作电流应不大于 30mA，额定漏电动作时间不大于 0.1s。

12. 在中性点直接接地的电力系统中，为了保证接地的作用和效果，除在中性点处直接接地外，还须在中性线上的一处或多处再做接地，称重复接地。

【答案】正确

【解析】在变压器中性点直接接地的系统中，除在中性点处直接接地外，为了保证接地的作用和效果，还须在保护零线上的一处或多处再做接地，称为重复接地。

13. 漏电保护器是用于在电路或电器绝缘受损发生对地短路时防止人身触电和电气火灾的保护电器。

【答案】正确

【解析】漏电保护器的作用主要是防止漏电引起的事故和防止单相触电事故。它不能对两相触电起到保护作用，其次是防止由于漏电引起的火灾事故。

14. 漏电保护器主要是对可能致命的触电事故进行保护，不能防止火灾事故的发生。

【答案】错误

【解析】漏电保护器的作用主要是防止漏电引起的事和防止单相触电事故。它不能对两相触电起到保护作用，其次是防止由于漏电引起的火灾事故。

二、单选题

1. 下列不属于 TN 系统的是（　　）。

A. TN-S 系统　　　　　　　　　　B. TN-C 系统

C. TN-C-S 系统　　　　　　　　　D. YN-S-C 系统

【答案】D

【解析】TN 系统根据中性导线和保护导线的布置分有三种：TN-S 系统、TN-C-S 系统和 TN-C 系统。

2. 导线截面的选择，不需要考虑以下哪一项（　　）。

A. 机械强度　　　　　　　　　　B. 电阻大小

C. 电流密度　　　　　　　　　　　　D. 电压降

【答案】B

【解析】导线截面的选择，主要从导线的机械强度、电流密度和电压降来考虑。

3. 施工现场用电工程中，PE线的重复接地点不应少于（　　）。
A. 一处　　　　　　　　　　　　　　B. 二处
C. 三处　　　　　　　　　　　　　　D. 四处

【答案】C

【解析】保护零线在总配电箱、配电线路中间和末端至少三处做重复接地。

4. 施工现场用电线路必须在（　　）做重复接地，且重复接地装置阻值应不得大于（　　）欧：
A. 总配电柜、分配箱、开关箱；10　　B. 总配电室、线路中间和末端；10
C. 总配电柜、二级箱、末级箱；4　　　D. 总配电柜、分配箱、开关箱；5

【答案】B

【解析】保护零线在总配电箱、配电线路中间和末端至少三处做重复接地电阻值不应大于10Ω。

5. 配电箱、开关箱应安装端正、牢固。固定式闸箱的中心点距地面的垂直距离应为：（　　），移动式配电箱、开关箱应装设在坚固的支架上，其中心点距地面的垂直距离为：0.8～1.6m。落地式配电箱的底座宜抬高，室内高出地面50mm以上，室外高出地面200mm以上。
A. 1.2～1.4m
B. 1.3～1.5m
C. 1.4～1.6m
D. 1.5～1.7m

【答案】C

【解析】配电箱、开关箱应安装端正、牢固。固定式闸箱的中心点距地面的垂直距离应为1.4～1.6m。移动式配电箱、开关箱应装设在坚固的支架上，其中心点距地面的垂直距离为：0.8～1.6m。

6. 固定式配电箱、开关箱中心点与地面的相对高度应为（　　）。
A. 0.5m
B. 1.0m
C. 1.5m
D. 1.8m

【答案】C

【解析】配电箱、开关箱应安装端正、牢固。固定式闸箱的中心点距地面的垂直距离应为1.4～1.6m。

7. 开关箱与用电设备的水平距离不宜超过（　　）。
A. 3m
B. 4m
C. 5m
D. 6m

【答案】A

【解析】分配电箱（二级配电）应设在用电设备集中的区域，分配电箱与开关箱（三级配电）的距离不得超过30m，开关箱与其控制的固定式用电设备的水平距离不宜超过3m。

8. 分配电箱与开关箱的距离不得超过（　　）。

A. 10m

B. 20m

C. 30m

D. 40m

【答案】C

【解析】分配电箱（二级配电）应设在用电设备集中的区域，分配电箱与开关箱（三级配电）的距离不得超过30m，开关箱与其控制的固定式用电设备的水平距离不宜超过3m。

9. 总配电箱应设在靠近电源的地区，分配电箱应设在用电设备负荷相对集中的地区，分配电箱与开关箱的距离不得超过（　　）m，开关箱与其控制的固定式用电设备的水平距离不宜超过（　　）m。

A. 35，5

B. 35，3

C. 30，3

D. 50，5

【答案】C

【解析】分配电箱（二级配电）应设在用电设备集中的区域，分配电箱与开关箱（三级配电）的距离不得超过30m，开关箱与其控制的固定式用电设备的水平距离不宜超过3m。

10. 固定式配电箱、开关箱的中心点与地面的垂直距离应大于____小于____m，移动式分配电箱、开关箱中心点与地面的垂直距离宜大于____小于____m。

A. 1.4，1.6；0.8，1.6

B. 0.8，1.6；1.4，1.6

C. 1.8，1.4；0.8，1.6

D. 0.8，1.4；0.8，1.6

【答案】A

【解析】配电箱、开关箱应安装端正、牢固。固定式闸箱的中心点距地面的垂直距离应为1.4～1.6m。移动式配电箱、开关箱应装设在坚固的支架上，其中心点距地面的垂直距离为：0.8～1.6m。

11. 下面关于施工现场开关箱说法不正确的是（　　）。

A. 每台用电设备必须有各自专用的开关箱，严禁用同一个开关箱直接控制2台及2台以上用电设备

B. 动力开关箱与照明开关箱必须分设

C. 固定式开关箱的中心点与地面的垂直距离应为1.4～1.6m

D. 移动式开关箱应装设在坚固的支架上，其中心点与地面的垂直距离宜为1～1.6m

【答案】D

【解析】移动式开关箱应设置在牢固、稳定的支架上，其中心点与地面的垂直距离宜为0.8～1.6m。

12. 电气设备的保护零线与工作零线分开设置的系统，即称为（　　）系统。

A. TT

B. TN-C

C. TN

D. TN-S

【答案】D

【解析】TN-S系统——在整个系统中工作零线（N线）和保护零线（PE线）是分开设置的接零保护系统。

13. 施工现场用电工程中，PE线上每处重复接地的接地电阻值不应大于（　　）。

A. 4Ω   B. 10Ω

C. 30Ω   D. 100Ω

【答案】B

【解析】在变压器中性点直接接地的系统中，除在中性点直接接地以外，为了保证接地的作用和效果，还须在保护零线上的一处或多处再做接地，称为重复接地。重复接地电阻应小于10Ω。

14. 一般场所开关箱漏电保护器，其额定漏电动作电流为（   ）。

A. 10mA   B. 20mA

C. 30mA   D. 不大于30mA

【答案】D

【解析】一般场所开关箱内漏电保护器的额定漏电动作电流不应大于30mA，额定漏电动作时间不应大于0.1s。

15. 潮湿场所开关箱中的漏电保护器，其额定漏电动作电流为（   ）。

A. 15mA   B. 不大于15mA

C. 30mA   D. 不大于30mA

【答案】B

【解析】使用于潮湿或有腐蚀介质场所的漏电保护器应采用防溅型新产品。其额定漏电动作电流不应大于15mA。

16. 施工现场特别潮湿场所在使用安全电压额定值时应选用（   ）。

A. 48V   B. 36V

C. 4V   D. 12V

【答案】D

【解析】施工现场特别潮湿场所在使用安全电压额定值时应选用12V。

17. 一般场所必须使用额定漏电动作电流不大于（   ），额定漏电动作时间应不大于（   ）的漏电保护器。

A. 30mA   B. 50mA

C. 0.1s   D. 0.2s

【答案】A；C

【解析】一般场所开关箱内漏电保护器的额定漏电动作电流不应大于30mA，额定漏电动作时间不应大于0.1s。

18. 正常条件下，开关箱内漏电保护器额定漏电动作电流及漏电动作时间为：（   ）。

A. 30mA，0.01s   B. 50mA，0.1s

C. 30mA，0.1s   D. 50mA，0.01s

【答案】C

【解析】一般场所开关箱内漏电保护器的额定漏电动作电流不应大于30mA，额定漏电动作时间不应大于0.1s。

19. （   ）行程开关动作原理同按钮类似，所不同的是一个是手动，另一个则由运动部件的撞块相碰。

A. 直动式   B. 滚轮式

C. 微动式　　　　　　　　　　　　　　D. 组合式

【答案】 A

【解析】 直动式行程开关动作原理同按钮类似，所不同的是一个是手动，另一个则由运动部件的撞块相碰。

20. 羊角式非自动复位式开关属于（　　　）行程开关。

A. 直动式　　　　　　　　　　　　　　B. 滚轮式

C. 微动式　　　　　　　　　　　　　　D. 组合式

【答案】 B

【解析】 滚轮式行程开关又分为单滚轮自动复位和双滚轮（羊角式）非自动复位式。

三、多选题

1. 下列属于 TN 系统的是（　　　）。

A. TN-S 系统　　　　　　　　　　　　B. TN-C 系统

C. TN-C-S 系统　　　　　　　　　　　D. YN-S-C 系统

E. TN-S-C 系统

【答案】 ABC

【解析】 TN 系统根据中性导线和保护导线的布置分有三种：TN-S 系统、TN-C-S 系统和 TN-C 系统。

2. 导线截面的选择，主要从导线的（　　　）来考虑。

A. 机械强度　　　　　　　　　　　　　B. 电阻大小

C. 电流密度　　　　　　　　　　　　　D. 电压降

E. 材料

【答案】 ACD

【解析】 导线截面的选择，主要从导线的机械强度、电流密度和电压降来考虑。

3. 架空线路可以架设在（　　　）上。

A. 木杆　　　　　　　　　　　　　　　B. 钢筋混凝土杆

C. 树木　　　　　　　　　　　　　　　D. 脚手架

E. 高大机械

【答案】 AB

【解析】 架空线设在专用电杆上，严禁架设在树木、脚手架上。

4. 配电箱、开关箱必须按照下述操作顺序正确的是（　　　）。

A. 送电操作顺序为：总配电箱——分配电箱——开关箱

B. 停电操作顺序为：开关箱——分配电箱——总配电箱

C. 停电电操作顺序为：总配电箱——分配电箱——开关箱

D. 送电操作顺序为：开关箱——分配电箱——总配电箱

E. 停电电操作顺序为：总配电箱——开关箱——分配电箱

【答案】 AB

【解析】 配电箱、开关箱必须按照下列顺序操作：

送电操作顺序为：总配电箱→分配电箱→开关箱；

停电操作顺序为：开关箱→分配电箱→总配电箱。

5. 施工现场用电线路必须在（   ）做重复接地。

A. 总配电箱   B. 配电线路中间

C. 开关箱   D. 末端

E. 顶端

【答案】 ABD

【解析】 保护零线在总配电箱、配电线路中间和末端至少三处做重复接地。

6. 下面关于施工现场开关箱说法正确的是（   ）。

A. 每台用电设备必须有各自专用的开关箱，严禁用同一个开关箱直接控制 2 台及 2 台以上用电设备

B. 动力开关箱与照明开关箱必须分设

C. 固定式开关箱的中心点与地面的垂直距离应为 1.4～1.6m

D. 移动式开关箱应装设在坚固的支架上，其中心点与地面的垂直距离宜为 0.8～1.6m

E. 动力开关箱与照明开关箱可以同时设定

【答案】 ABCD

【解析】 动力开关箱与照明开关箱必须分设。

7. 固定式配电箱、开关箱中心点与地面的相对高度不应为（   ）。

A. 0.5m   B. 1.0m

C. 1.5m   D. 1.8m

【答案】 ABD

【解析】 配电箱、开关箱应安装端正、牢固。固定式闸箱的中心点距地面的垂直距离应为 1.4～1.6m。

8. 行程开关按其结构可分为（   ）。

A. 直动式   B. 滚轮式

C. 微动式   D. 组合式

E. 双向式

【答案】 ABCD

【解析】 行程开关按其结构可分为直动式、滚轮式、微动式和组合式。

9. 漏电保护器按运行方式可分为（   ）。

A. 不用辅助电源的漏电保护器   B. 使用辅助电源的漏电保护器

C. 有过载保护功能的保护器   D. 有短路保护功能的保护器

E. 有过电压保护功能的保护器

【答案】 AB

【解析】 漏电保护器按运行方式可分为：

（1）不用辅助电源的漏电保护器；

（2）使用辅助电源的漏电保护器。

10. 下列属于漏电保护器按保护功能分类的是（   ）。

A. 不用辅助电源的漏电保护器   B. 使用辅助电源的漏电保护器

C. 有过载保护功能的保护器   D. 有短路保护功能的保护器

E. 有过电压保护功能的保护器

【答案】CDE

【解析】漏电保护器按保护功能可分为：

①只有剩余电流保护功能的保护器；

②有过载保护功能的保护器；

③有短路保护功能的保护器；

④有过载、短路保护功能的保护器；

⑤有过电压保护功能的保护器；

⑥有多功能（过载、短路、过电压、漏电）保护的保护器。

第七章　施工机械管理制度计划编制

一、判断题

1. "三定"制度是做好建筑机械使用管理的基础。

【答案】 正确

【解析】 "三定"制度是做好建筑机械使用管理的基础。

2. 特种作业人员，是指直接从事特种作业的从业人员。

【答案】 正确

【解析】 特种作业人员，是指直接从事特种作业的从业人员。

3. 建筑起重机械特种作业人员由建设系统负责培训、考核。

【答案】 正确

【解析】 建筑起重机械特种作业人员由建设系统负责培训、考核。

4. 对建筑机械进行使用检查，及时排除安全隐患，是保证机械正常运行的管理活动之一。

【答案】 正确

【解析】 对建筑机械进行使用检查，及时排除安全隐患，是保证机械正常运行的管理活动之一。

5. 对于塔式起重机、电梯等大型设备，每年都应制定维修保养计划。

【答案】 正确

【解析】 对于塔式起重机、电梯等大型设备，每年都应制定维修保养计划。

6. 建筑机械维修保养前，需对保养机械进行现场检验，修护及保养完毕后做竣工检验。

【答案】 正确

【解析】 建筑机械维修保养前，需对保养机械进行现场检验，修护及保养完毕后做竣工检验。

二、单选题

1. 定人、定机、定岗位责任，简称（　　　）。
A. "三定"制度
B. 持证上岗制度
C. 交接班制度
D. 检查制度

【答案】 A

【解析】 定人、定机、定岗位责任，简称"三定"制度。

2. （　　　）是做好建筑机械使用管理的基础。
A. "三定"制度
B. 持证上岗制度
C. 交接班制度
D. 检查制度

【答案】 A

【解析】"三定"制度是做好建筑机械使用管理的基础。

3. 下列不属于施工项目建筑机械检查的是（　　）。

A. 日常检查　　　　　　　　　　B. 定期检查

C. 普通检查　　　　　　　　　　D. 专项检查

【答案】C

【解析】施工项目建筑机械检查通常包括：日常检查、定期检查、专项检查。

4. （　　）也称日常巡查，是机械员现场管理的重要内容之一。

A. 日常检查　　　　　　　　　　B. 定期检查

C. 普通检查　　　　　　　　　　D. 专项检查

【答案】A

【解析】日常检查也称日常巡查，是机械员现场管理的重要内容之一。

5. （　　）是机械管理员组织有关人员开展的设备检查活动，检查周期分为周检查或月检查。

A. 日常检查　　　　　　　　　　B. 定期检查

C. 普通检查　　　　　　　　　　D. 专项检查

【答案】B

【解析】定期检查是机械管理员组织有关人员开展的设备检查活动，检查周期分为周检查或月检查。

6. 下列不属于建筑机械修理类别的是（　　）。

A. 微修　　　　　　　　　　　　B. 小修

C. 中修　　　　　　　　　　　　D. 大修

【答案】A

【解析】根据修理类别不同，机械修理可以分为三类：大修、中修、小修。

三、多选题

1. 建筑机械使用管理的基本制度有（　　）。

A. "三定"责任制度　　　　　　　B. 持证上岗制度

C. 交接班制度　　　　　　　　　D. 检查制度

E. 安全使用制度

【答案】ABCD

【解析】建筑机械使用管理的基本制度有："三定"责任制度，持证上岗制度，交接班制度，检查制度等。

2. 施工项目建筑机械检查通常包括（　　）。

A. 日常检查　　　　　　　　　　B. 定期检查

C. 普通检查　　　　　　　　　　D. 专项检查

E. 不定期检查

【答案】ABD

【解析】施工项目建筑机械检查通常包括：日常检查、定期检查、专项检查。

3. 根据修理类别不同，机械修理可以分为（　　）。

A. 微修   B. 小修
C. 中修   D. 大修
E. 整修

【答案】BCD

【解析】根据修理类别不同，机械修理可以分为三类：大修、中修、小修。

第八章 建筑机械的选型与配置

一、判断题

1. 建筑机械的选择应与工程的具体实际相适应。

【答案】正确

【解析】建筑机械的选择应与工程的具体实际相适应。

2. 对于路基整形工程，选择的机械主要有：平地机、推土机和压路机等。

【答案】错误

【解析】对于路基整形工程，选择的机械主要有：平地机、推土机和挖掘机等。

3. 高层建筑施工包括基础施工、结构施工、装修施工等。

【答案】正确

【解析】高层建筑施工包括基础施工、结构施工、装修施工等。

4. 建筑机械选择应考虑实际工程量、施工条件、技术力量、配置动力与生产能力等因素。

【答案】正确

【解析】建筑机械选择应考虑实际工程量、施工条件、技术力量、配置动力与生产能力等因素。

二、单选题

1. 沥青路面施工主要建筑机械的配置不包括（　　　）。

A. 通用施工机械　　　　　　　　B. 混凝土搅拌设备的配置

C. 沥青混凝土摊铺机的配置　　　D. 沥青路面压实机械配置

【答案】A

【解析】沥青路面施工主要建筑机械的配置：

1）混凝土搅拌设备的配置；

2）沥青混凝土摊铺机的配置；

3）沥青路面压实机械配置。

2. 桥梁工程施工主要建筑机械的配置不包括（　　　）。

A. 通用施工机械　　　　　　　　B. 桥梁混凝土生产与运输机械

C. 混凝土搅拌设备的配置　　　　D. 上部施工机械

【答案】C

【解析】桥梁工程施工主要建筑机械的配置：

1）通用施工机械；

2）桥梁混凝土生产与运输机械；

3）下部施工机械；

4）上部施工机械。

3. 下列不属于混凝土泵按机动性分类的是（　　）泵。

A. 臂架式　　　　　　　　　　　B. 汽车式

C. 筒式　　　　　　　　　　　　D. 拖式

【答案】C

【解析】混凝土泵按机动性分为臂架式、汽车式、拖式泵。

4. 混凝土运送车不包括（　　）。

A. 4 立方　　　　　　　　　　　B. 6 立方

C. 8 立方　　　　　　　　　　　D. 10 立方

【答案】A

【解析】混凝土运送车分为 6 立方、8 立方、10 立方。

5. 下列不属于常用高层建筑施工起重运输体系组合情况的是（　　）。

A. 塔式起重机＋施工电梯

B. 塔式起重机＋施工电梯＋混凝土泵车

C. 塔式起重机＋施工电梯＋拖式混凝土泵

D. 塔式起重机＋混凝土泵车＋拖式混凝土泵

【答案】D

【解析】常用高层建筑施工起重运输体系组合情况：

塔式起重机＋施工电梯；

塔式起重机＋施工电梯＋混凝土泵车；

塔式起重机＋施工电梯＋拖式混凝土泵；

塔式起重机＋快速物料提升机＋施工电梯＋拖式混凝土泵。

三、多选题

1. 沥青路面施工主要建筑机械的配置有（　　）。

A. 通用施工机械　　　　　　　　B. 混凝土搅拌设备的配置

C. 沥青混凝土摊铺机的配置　　　D. 沥青路面压实机械配置

E. 桥梁混凝土生产与运输机械

【答案】BCD

【解析】沥青路面施工主要建筑机械的配置：

1）混凝土搅拌设备的配置；

2）沥青混凝土摊铺机的配置；

3）沥青路面压实机械配置。

2. 桥梁工程施工主要建筑机械的配置有（　　）。

A. 通用施工机械　　　　　　　　B. 桥梁混凝土生产与运输机械

C. 下部施工机械　　　　　　　　D. 上部施工机械

E. 混凝土搅拌设备的配置

【答案】ABCD

【解析】桥梁工程施工主要建筑机械的配置：

1）通用施工机械；

2) 桥梁混凝土生产与运输机械；

3) 下部施工机械；

4) 上部施工机械。

3. 混凝土泵按机动性分为（　　）泵。

A. 臂架式   B. 汽车式

C. 筒式   D. 拖式

E. 链式

【答案】ABD

【解析】混凝土泵按机动性分为臂架式、汽车式、拖式泵。

4. 混凝土运送车分为（　　）。

A. 4 立方   B. 6 立方

C. 8 立方   D. 10 立方

E. 12 立方

【答案】BCD

【解析】混凝土运送车分为 6 立方、8 立方、10 立方。

5. 常用高层建筑施工起重运输体系组合情况包括（　　）。

A. 塔式起重机＋施工电梯

B. 塔式起重机＋施工电梯＋混凝土泵车

C. 塔式起重机＋施工电梯＋拖式混凝土泵

D. 塔式起重机＋混凝土泵车＋拖式混凝土泵

E. 塔式起重机＋拖式混凝土泵

【答案】ABC

【解析】常用高层建筑施工起重运输体系组合情况：

塔式起重机＋施工电梯；

塔式起重机＋施工电梯＋混凝土泵车；

塔式起重机＋施工电梯＋拖式混凝土泵；

塔式起重机＋快速物料提升机＋施工电梯＋拖式混凝土泵。

6. 建筑机械设备应选择整机（　　）的设备。

A. 性能好   B. 效率高

C. 故障率低   D. 维修方便

E. 互换性强

【答案】ABCDE

【解析】建筑机械设备应选择整机性能好、效率高、故障率低、维修方便、互换性强的设备。

第九章　特种设备安全监督检查

一、判断题

1. 建筑起重机械备案是由建设主管部门根据规定，对产权单位的建筑起重机械进行登记编号，发给备案证明。

【答案】 正确

【解析】 建筑起重机械备案是由建设主管部门根据规定，对产权单位的建筑起重机械进行登记编号，发给备案证明。

2. 安装单位依法取得建设主管部门颁发的相应资质，同时还必须取得建筑施工企业安全生产许可证，以保证安装拆卸的施工工程安全。

【答案】 正确

【解析】 安装单位依法取得建设主管部门颁发的相应资质，同时还必须取得建筑施工企业安全生产许可证，以保证安装拆卸的施工工程安全。

3. 建筑起重机械经验收合格后方可投入使用，未经验收或者验收不合格的不得使用。

【答案】 正确

【解析】 建筑起重机械经验收合格后方可投入使用，未经验收或者验收不合格的不得使用。

二、单选题

1. 产权单位在办理备案手续时，应当向备案机关提交的资料不包括（　　）。

A. 制造许可证　　　　　　　　　　B. 安全技术标准

C. 产品合格证　　　　　　　　　　D. 制造监督检验证明

【答案】 B

【解析】 产权单位在办理备案手续时，应当向备案机关提交以下资料：

（1）产权单位法人营业执照副本；

（2）制造许可证；

（3）产品合格证；

（4）制造监督检验证明；

（5）购销合同、发票或相应有效凭证；

（6）备案机关规定的其他资料。

2. 以下哪种情况的建筑起重机械不属于备案机关不予备案的情形（　　）。

A. 具有制造许可证的

B. 属国家或地方明令淘汰或禁止使用的

C. 超过制造厂家或者安全技术标准规定的使用年限的

D. 经检验达不到安全技术标准规定的

【答案】 A

【解析】有下列情形之一的建筑起重机械，备案机关不予备案：

(1) 属国家或地方明令淘汰或禁止使用的；

(2) 超过制造厂家或者安全技术标准规定的使用年限的；

(3) 经检验达不到安全技术标准规定的。

三、多选题

1. 产权单位在办理备案手续时，应当向备案机关提交的资料包括（　　）。

A. 制造许可证　　　　　　　　　　B. 产权单位法人营业执照副本

C. 产品合格证　　　　　　　　　　D. 制造监督检验证明

E. 购销合同、发票或相应有效凭证

【答案】ABCDE

【解析】产权单位在办理备案手续时，应当向备案机关提交以下资料：

(1) 产权单位法人营业执照副本；

(2) 制造许可证；

(3) 产品合格证；

(4) 制造监督检验证明；

(5) 购销合同、发票或相应有效凭证；

(6) 备案机关规定的其他资料。

2. 有下列情形之一的建筑起重机械，备案机关不予备案（　　）。

A. 具有制造许可证的

B. 属国家或地方明令淘汰或禁止使用的

C. 超过制造厂家或者安全技术标准规定的使用年限的

D. 经检验达不到安全技术标准规定的

E. 具有产品生产合格证的

【答案】BCD

【解析】有下列情形之一的建筑起重机械，备案机关不予备案：

(1) 属国家或地方明令淘汰或禁止使用的；

(2) 超过制造厂家或者安全技术标准规定的使用年限的；

(3) 经检验达不到安全技术标准规定的。

3. 安装拆卸作业包括（　　）。

A. 安装前检查　　　B. 安装拆卸施工　　　C. 安装监督　　　　D. 安装自检

E. 安装后检查

【答案】ABC

【解析】安装拆卸作业：1) 安装前检查；2) 安装拆卸施工；3) 安装监督。

第十章 安全技术交底

一、判断题

安全技术交底是机械安全运行控制中的一个重要流程，可让机械实际操作人员掌握机械设备安全风险控制、技术要点、应对措施等。

【答案】正确

【解析】安全技术交底是机械安全运行控制中的一个重要流程，是通过方案、标准、规范的学习、讲解，让机械实际操作人员掌握机械设备安全风险控制、技术要点、应对措施等。

二、单选题

不属于安全技术交底的内容主要依据有（　　）。
A. 施工技术方案　　　　　　　　　B. 机械设备手册
C. 施工安全技术规范　　　　　　　D. 设备统计台账

【答案】D

【解析】安全技术交底的内容主要依据有：施工技术方案、机械设备手册、施工安全技术规范、技术规程等。

三、多选题

安装施工交底应将（　　）等向安全作业人员交底。
A. 施工要点　　　B. 安全技术措施　　　C. 工艺步骤　　　　D. 设备价格或租金
E. 安全施工注意事项

【答案】ABCE

【解析】安装施工交底应由方案编制人或技术负责人对方案进行讲解，将施工要点、安全技术措施、安装方法、工艺步骤、施工中可能出现的危险因素、安全施工注意事项等向安全作业人员交底。

第十一章 作业人员教育培训

一、判断题

机械设备的定期保养的主要任务是进行"十字"作业。

【答案】正确

【解析】现代设备管理要求的是全员参加的设备管理维修体制，机械操作者应以"我的设备我维护"的理念投入工作中，坚持对设备进行检查保养，执行"十字"作业，即清洁、调整、润滑、紧固、防腐，可以延续设备的使用寿命，排除安全隐患。

二、多选题

针对机械设备人员的安全教育培训，可以采用外培或内培两种方式。适合施工现场的培训的方式主要有以下几种（　　　）。

A. 外部讲师做培训　　　　　　B. 内部专家进行专业培训
C. 技能比赛　　　　　　　　　D. 知识竞赛
E. 网络学习

【答案】ABC

【解析】针对机械设备人员的安全教育培训，可以采用外部培训和内部培训两种方式，主要有以下几种：1）外部培训；2）内部培训；3）技能竞赛。

第十二章 特种设备运行安全

一、判断题

按照安全事故致因理论，建筑机械事故发生的主要原因有：人的不安全行为、物的不安全状态、管理缺陷及自然因素。

【答案】正确

【解析】按照安全事故致因理论，建筑机械事故发生的主要原因有：人的不安全行为、物的不安全状态、管理缺陷及自然因素。

二、单选题

1. 建筑机械事故发生的原因中，冒险蛮干，违章作业、违章指挥属于（　　）。
A. 人的不安全行为　　　　　　　　B. 物的不安全状态
C. 管理缺陷　　　　　　　　　　　D. 自然因素

【答案】A

【解析】人的不安全行为：冒险蛮干，违章作业、违章指挥。

2. 建筑机械事故发生的原因中，钢丝绳断裂属于（　　）。
A. 人的不安全行为　　　　　　　　B. 物的不安全状态
C. 管理缺陷　　　　　　　　　　　D. 自然因素

【答案】B

【解析】物的不安全状态：结构严重锈蚀；开焊、裂纹；连接螺栓松动；销轴脱落；钢丝绳断裂。

3. 建筑机械事故发生的原因中，没有建立健全严格的设备管理制度属于（　　）。
A. 人的不安全行为　　　　　　　　B. 物的不安全状态
C. 管理缺陷　　　　　　　　　　　D. 自然因素

【答案】C

【解析】管理缺陷：没有建立健全严格的设备管理制度。

4. 建筑机械事故发生的原因中，台风、暴雨等不可抗因素属于（　　）。
A. 人的不安全行为　　　　　　　　B. 物的不安全状态
C. 管理缺陷　　　　　　　　　　　D. 自然因素

【答案】D

【解析】自然因素：台风、暴雨等不可抗因素。

三、多选题

建筑机械事故发生的主要原因有（　　）。
A. 人的不安全行为　　　　　　　　B. 物的不安全状态
C. 管理缺陷　　　　　　　　　　　D. 自然因素

E. 意外情况

【答案】ABCD

【解析】按照安全事故致因理论，建筑机械事故发生的主要原因有：人的不安全行为、物的不安全状态、管理缺陷及自然因素。

第十三章　机械设备安全隐患识别

一、判断题

1. 建筑起重机械在安装、使用过程中由于安装不到位，在安装后未经验收和检测情况下就投入使用，会存在很多安全隐患，甚至导致事故的发生。

【答案】正确

【解析】建筑起重机械在安装、使用过程中由于安装不到位，在安装后未经验收和检测情况下就投入使用，会存在很多安全隐患，甚至导致事故的发生。

2. 大风对起重机械架体结构带来极大损伤，吊物吹落，特别是塔式起重机、施工升降机等高耸设备，易造成结构变形、设备倒塌等重大事故。

【答案】正确

【解析】大风对起重机械架体结构带来极大损伤，吊物吹落，特别是塔式起重机、施工升降机等高耸设备，易造成结构变形、设备倒塌等重大事故。

3. 力矩限制装置是塔式起重机最大起重量的限制的保护装置。

【答案】错误

【解析】力矩限制装置是塔式起重机在某一幅度的最大起重量或某一重量吊物移动最大幅度限制的保护装置。

4. 施工机械的违规使用主要反映出设备管理缺失、安全生产责任不落实等问题，会使设备存在安全隐患，甚至导致安全事故的发生。

【答案】正确

【解析】施工机械的违规使用主要反映出设备管理缺失、安全生产责任不落实等问题，会使设备存在安全隐患，甚至导致安全事故的发生。

5. 人的不安全行为是导致事故的重要原因之一。

【答案】正确

【解析】施工机械事故很大一部分是由司机违规操作造成的，即人的不安全行为是导致事故的重要原因之一。

二、单项选择

1. 不属于施工机械安全保护装置的是（　　）。
A. 隔离防护装置　　B. 起重机变幅机构　C. 重量限制装置　　D. 连锁防护装置

【答案】ACD

【解析】施工机械安全保护装置种类很多，主要是：1）隔离防护装置；2）限位装置；3）重量限制装置；4）力矩限制装置；5）防坠限制装置；6）连锁防护装置；7）起重吊钩防脱钩装置；8）钢丝绳防脱装置；9）紧急开关，等。

2. 不属于操作人员的主要违规操作行为的是（　　）。
A. 操作人员认真填写运转记录，多班作业按规定进行交接班

B. 不遵守机械操作规程

C. 设备带病运转，不进行保养

D. 疲劳作业，饮酒驾驶

E. 施工机械开机期间，擅自离岗

【答案】A

【解析】操作人员的主要违规操作行为如下：1）不遵守机械操作规程，超载、超速、跃挡、急停等；2）操作人员不听从指挥，特别是起重机械擅自开机起吊；3）每班作业前未进行检查试车就使用，未进行隐患排查；4）设备带病运转，不进行保养，发现故障或问题不及时报告；5）不执行"十字作业方针"；6）未接受培训教育，对设备性能不掌握，未做到"四懂四会"；7）施工机械开机期间，擅自离岗；8）疲劳作业，饮酒驾驶；9）恶劣天气或不良环境条件下进行冒险作业；10）操作人员不填写运转记录，多班作业不进行交接班；11）多人操作时不相互配合，动作不协调；12）擅自拆除机械设备的安全保护部件；13）未取得操作证书或特种设备操作资格证书，无证开机；14）不按规定佩带和使用个人安全防护用品。

三、多项选择

1. 当恶劣天气来临时的对应措施是（　　）。

A. 设备应及时停止使用　　　　　　B. 塔式起重机放下钩头

C. 起重机械卸下吊物　　　　　　　D. 升降机吊笼、吊篮笼体等落至地面

E. 不可切断设备电源

【答案】ACD

【解析】恶劣天气的对应措施是做好日常检查和维修保养，发现问题及时处理；当恶劣天气来临时，设备应及时停止使用；起重机械卸下吊物，塔式起重机收起钩头，移动式起重机收回臂杆，移到安全位置；升降机吊笼、吊篮笼体等落至地面；及时切断设备电源，撤离人员等。

2. 施工机械设备违规使用通常表现有（　　）。

A. 设备进场未进行检查验收　　　　B. 机械设备安装未经验收使用

C. 设备带病运转　　　　　　　　　D. 设备操作人员无证操作。

E. 未超过使用年限，未达到报废标准

【答案】ABCD

【解析】施工机械设备违规使用通常表现在如下几方面：1）设备进场未进行检查验收；2）机械设备安装未经验收使用；3）建筑起重机械未办理备案就安装使用；4）机械设备不符合国家规范标准；5）超过使用年限，达到报废标准；6）安装装置不齐全；7）检验不合格；8）设备带病运转；9）检查中发现重大安全隐患，违反国家强制标准；10）设备操作人员无证操作；11）未经安全技术交底上岗；12）不按时进行维修保养；13）不开展设备检查。

第十四章　机械设备统计台账

一、判断题

建立建筑机械运行基础数据，有利于掌握实际运行成本，合理实施方案调整。

【答案】正确

【解析】建立建筑机械运行基础数据，有利于充分了解建筑机械的实际工作能力，掌握实际运行成本，合理实施方案调整，能有效地充分利用资源，避免窝工，资源浪费，并为本企业提供经营管理决策依据。

二、单选题

建筑机械基础数据能够为本企业提供（　　　）。

A. 成本核算的依据　　　　　　　B. 从业人员资质资料

C. 经营管理决策依据　　　　　　D. 产品价格依据

【答案】C

【解析】同判断题解析

三、多选题

属于建筑机械运行基础数据的有（　　　）。

A. 机械购置费用　　　　　　　　B. 建筑机械交接班记录

C. 运转记录　　　　　　　　　　D. 作业人员证书

【答案】BC

【解析】基本的运行数据由：建筑机械交接班记录、运转记录等。

第十五章　施工机械成本核算

一、判断题

1. 自有大型机械使用费＝单机租赁费＋人工费＋维修保养费＋能源消耗费＋进出场费＋其他费用。

【答案】错误

【解析】自有大型机械使用费＝固定资产折旧费＋人工费＋维修保养费＋能源消耗费＋进出场费＋其他费用。

2. 机械维修保养费＝维修保养零配件费＋维修耗材费＋工具损耗费＋人工费＋其他费用。

【答案】正确

【解析】机械维修保养费＝维修保养零配件费＋维修耗材费＋工具损耗费＋人工费＋其他费用。

二、单选题

外租大型机械使用费构成中不包括（　　　）。
A. 单机租赁费
B. 固定资产折旧费
C. 安装拆卸和进出场费
D. 税额
E. 自行配合人工能源消耗费

【答案】B

【解析】外租大型机械使用费＝单机租赁费＋安装拆卸和进出场费＋税额＋自行配合人工能源消耗费＋其他费用。

三、多选题

机械维修保养费包括（　　　）等费用。
A. 维修保养零配件费
B. 机械租赁费
C. 工具损耗费
D. 人工费

【答案】ACD

【解析】机械维修保养费＝维修保养零配件费＋维修耗材费＋工具损耗费＋人工费＋其他费用。

第十六章 建筑机械设备资料档案管理

一、判断题

1. 建筑机械资产管理的基础资料包括：登记卡片、台账、清查盘登记表点、档案等。

【答案】正确

【解析】建筑机械资产管理的基础资料包括：登记卡片、台账、清查盘登记表点、档案等。

2. 清点工作必须做到及时、深入、全面、彻底的要求，在清查中发现的问题要认真解决。

【答案】正确

【解析】清点工作必须做到及时、深入、全面、彻底的要求，在清查中发现的问题要认真解决。

3. 建筑机械技术档案由企业自行建立和管理。

【答案】错误

【解析】建筑机械技术档案由企业机械管理部门建立和管理。

4. 建筑机械履历书是一种单机档案形式，由企业机械管理部门建立和管理。

【答案】错误

【解析】建筑机械履历书是一种单机档案形式，由建筑机械使用单位建立和管理。

5. 档案管理机构应指定有关部门统一管理本单位的建筑机械技术档案。

【答案】正确

【解析】档案管理机构应指定有关部门统一管理本单位的建筑机械技术档案。

二、单选题

1. 建筑机械资产管理的基础资料中，反映建筑机械主要情况的基础资料是（　　　）。

A. 登记卡片   B. 台账

C. 清查盘登记表点   D. 档案

【答案】A

【解析】登记卡片是反映建筑机械主要情况的基础资料。

2. 建筑机械资产管理的基础资料中，掌握企业建筑机械资产状况，反映企业各类建筑机械的拥有量、分布及其变动情况的主要依据是（　　　）。

A. 登记卡片   B. 台账

C. 清查盘登记表点   D. 档案

【答案】B

【解析】台账是掌握企业建筑机械资产状况，反映企业各类建筑机械的拥有量、分布及其变动情况的主要依据。

三、多选题

建筑机械资产管理的基础资料包括（　　　）。

A. 登记卡片　　　　　　　　　　　B. 台账

C. 清查盘登记表点　　　　　　　　D. 档案

E. 使用记录

【答案】ABCD

【解析】建筑机械资产管理的基础资料包括：登记卡片、台账、清查盘登记表点、档案等。

机械员岗位知识与专业技能试卷

一、判断题（共 20 题，每题 1 分）

1. 特种设备出厂时，应当附有安全技术规范要求的设计文件产品质量合格证明、安装及使用维修说明、监督检验证明等文件。

【答案】（　　）

2. 在施工现场安装、拆卸施工起重机械和整体提升脚手架、模板等自升式架设设施，必须由具有相应资质的单位承担。

【答案】（　　）

3. 施工企业装备来源只可采用自购。

【答案】（　　）

4. 企业主要负责人要切实承担安全生产第一责任人的责任。

【答案】（　　）

5. 焊接是零件修复过程中最主要和最基本的方法。

【答案】（　　）

6. 计划外维修的次数和工作量越少，表明管理水平越高。

【答案】（　　）

7. 单机核算就是对单台建筑机械进行经济核算。

【答案】（　　）

8. 根据建筑机械自身特点应建立起与之相配套的两种考核目标，可称为总费用法和单项费用法。

【答案】（　　）

9. 施工现场停电、送电的操作顺序是：送电时，总配电箱→分配电箱→开关箱；停电时，开关箱→分配电箱→总配电箱。

【答案】（　　）

10. 漏电保护器主要是对可能致命的触电事故进行保护，不能防止火灾事故的发生。

【答案】（　　）

11. 对于塔式起重机、电梯等大型设备，每年都应制定维修保养计划。

【答案】（　　）

12. 对于路基整形工程，选择的机械主要有：平地机、推土机和压路机等。

【答案】（　　）

13. 建筑机械选择应考虑实际工程量、施工条件、技术力量、配置动力与生产能力等因素。

【答案】（　　）

14. 建筑起重机械经验收合格后方可投入使用，未经验收或者验收不合格的不得使用。

【答案】（　　）

15. 安全技术交底是机械安全运行控制中的一个重要流程，可让机械实际操作人员掌握机械设备安全风险控制、技术要点、应对措施等。

【答案】（　　　）

16. 机械设备的定期保养的主要任务是进行"十字"作业。

【答案】（　　　）

17. 按照安全事故致因理论，建筑机械事故发生的主要原因有：人的不安全行为、物的不安全状态、管理缺陷及自然因素。

【答案】（　　　）

18. 力矩限制装置是塔式起重机最大起重量的限制的保护装置。

【答案】（　　　）

19. 建立建筑机械运行基础数据，有利于掌握实际运行成本，合理实施方案调整。

【答案】（　　　）

20. 自有大型机械使用费＝单机租赁费＋人工费＋维修保养费＋能源消耗费＋进出场费＋其他费用

【答案】（　　　）

二、单选题（共 40 题，每题 1 分）

21. 特种设备出厂时，应当附有的安全技术规范要求文件不包括（　　　）。
A. 设计文件产品质量合格证明　　　　B. 安装及使用维修说明
C. 特种设备制造许可证　　　　　　　D. 监督检验证明

22. 以下哪种条件的建筑起重机械不需报废（　　　）。
A. 属国家明令淘汰或者禁止使用的
B. 超过安全技术标准或者制造厂家规定的使用年限
C. 经检验达到安全技术标准规定的
D. 达到省《建筑施工塔式起重机、施工升降机报废规程》的

23. 在施工现场安装、拆卸施工起重机械和整体提升脚手架、模板等自升式架设设施，必须由具有（　　　）的单位承担。
A. 相应施工承包资质　　　　　　　　B. 制造能力
C. 维修保养经验　　　　　　　　　　D. 检测检验人员

24. 建筑起重机械在（　　　）应当经有相应资质的检验检测机构监督检验合格。
A. 自检前　　　　B. 验收前　　　　C. 验收后　　　　D. 使用前

25. 工程建设强制性标准是不涉及（　　　）方面。
A. 工程质量　　　　B. 安全　　　　C. 卫生　　　　D. 造价

26. 在道路工程施工中必须考虑到施工的成本，体现了哪项建筑机械选用的一般原则（　　　）。
A. 施工机械应具有先进性
B. 施工机械应具备较好的经济性
C. 施工机械应具有较好的工程适应性
D. 施工机械应具有良好的通用性或专用性

27. 专用建筑机械的选择，应根据工程性质、工程质量、工程安全来决定，体现了哪项建筑机械选用的一般原则（　　）。

A. 施工机械应具有先进性

B. 施工机械应具备较好的经济性

C. 施工机械应具有较好的工程适应性

D. 施工机械应具有良好的通用性或专用性

28. 选择一家好的施工机械租赁公司的基本要求不包括（　　）。

A. 信誉好　　　　　　B. 服务好　　　　　　C. 设备好　　　　　　D. 价格低

29. （　　）是施工企业管理的一项基本制度，覆盖设备管理的全过程。

A. 建筑机械检查制度　　　　　　　　B. 建筑机械管理制度

C. 安全生产责任制　　　　　　　　　D. 安全教育制度

30. 大型起重机械现场事故应急救援领导小组中，主要负责事故发生后现场指挥工作的是（　　）。

A. 指挥组　　　　　　B. 抢救组　　　　　　C. 人员疏散组　　　　　D. 排障组

31. 参与制定建筑机械管理制度体现的机械员工作职责是（　　）。

A. 机械管理计划　　　　　　　　　　B. 建筑机械前期准备

C. 建筑机械安全使用　　　　　　　　D. 建筑机械成本核算

32. 负责汇总、整理、移交建筑机械资料，体现的机械员工作职责是（　　）。

A. 机械管理计划　　　　　　　　　　B. 建筑机械前期准备

C. 建筑机械安全使用　　　　　　　　D. 建筑机械资料管理

33. 下列不属于"四会"的是（　　）。

A. 会使用　　　　　　B. 会保养　　　　　　C. 会检查　　　　　　D. 会组装

34. 建筑机械在工作过程中，因某种原因丧失规定功能或危害安全的现象称为（　　）。

A. 事故　　　　　　　B. 危险　　　　　　　C. 故障　　　　　　　D. 异常

35. 下列故障类型属于退化型故障的是（　　）。

A. 松动　　　　　　　B. 剥落　　　　　　　C. 脱落　　　　　　　D. 断裂

36. 建筑机械故障零件修理法中，最主要、最基本的方法是（　　）。

A. 机械加工　　　　　B. 焊接　　　　　　　C. 压力加工　　　　　D. 胶接

37. 建筑机械维护的几个基本方式中，采用"十字作业"的是（　　）。

A. 日常维护　　　　　B. 一级维护　　　　　C. 二级维护　　　　　D. 三级维护

38. （　　）的实质是通过对建筑机械总成进行深入的检查和调整，以保证运转一定时间后仍能保持正常的使用性能。

A. 日常维护　　　　　B. 一级维护　　　　　C. 二级维护　　　　　D. 三级维护

39. 建筑机械的修理方式中，以建筑机械出现功能性故障为基础的是（　　）。

A. 预防修理　　　　　　　　　　　　B. 日常修理

C. 事后修理　　　　　　　　　　　　D. 以可靠性为中心的修理

40. 修理的主要类别中，全面或基本恢复机械设备功能的是（　　）。

A. 大修　　　　　　　B. 项修　　　　　　　C. 小修　　　　　　　D. 改造

41. 建筑机械成本核算中，最基本的核算方式是（　　）。

A. 单机核算　　　　B. 人机核算　　　　C. 班组核算　　　　D. 维修核算

42.（　　）是指对各项经济业务中发生的成本，都必须按一定的标准和范围加以认定和记录。

A. 确认原则　　　　B. 相关性原则　　　C. 一贯性原则　　　D. 配比原则

43. 建筑机械租赁计价方式中，（　　）主要是指按月租赁的大型建筑机械的租金结算。

A. 日计租　　　　　B. 月计租　　　　　C. 台班计租　　　　D. 台时计租

44. 建筑机械租赁计价方式中，（　　）主要是指按台班租赁的建筑机械的租金结算。

A. 日计租　　　　　B. 月计租　　　　　C. 台班计租　　　　D. 台时计租

45. 导线截面的选择，不需要考虑以下哪一项（　　）。

A. 机械强度　　　　B. 电阻大小　　　　C. 电流密度　　　　D. 电压降

46. 电气设备的保护零线与工作零线分开设置的系统，即称为（　　）系统。

A. TT　　　　　　　B. TN-C　　　　　　C. TN　　　　　　　D. TN-S

47. 施工现场特别潮湿场所在使用安全电压额定值时应选用（　　）。

A. 48V　　　　　　 B. 36V　　　　　　　C. 4V　　　　　　　 D. 12V

48. 定人、定机、定岗位责任，简称（　　）。

A. "三定"制度　　　　　　　　　　　　B. 持证上岗制度

C. 交接班制度　　　　　　　　　　　　D. 检查制度

49.（　　）也称日常巡查，是机械员现场管理的重要内容之一。

A. 日常检查　　　　B. 定期检查　　　　C. 普通检查　　　　D. 专项检查

50. 沥青路面施工主要建筑机械的配置不包括（　　）。

A. 通用施工机械　　　　　　　　　　　B. 混凝土搅拌设备的配置

C. 沥青混凝土摊铺机的配置　　　　　　D. 沥青路面压实机械配置

51. 桥梁工程施工主要建筑机械的配置不包括（　　）。

A. 通用施工机械　　　　　　　　　　　B. 桥梁混凝土生产与运输机械

C. 混凝土搅拌设备的配置　　　　　　　D. 上部施工机械

52. 产权单位在办理备案手续时，应当向备案机关提交的资料不包括（　　）。

A. 制造许可证　　　　　　　　　　　　B. 安全技术标准

C. 产品合格证　　　　　　　　　　　　D. 制造监督检验证明

53. 以下哪种情况的建筑起重机械不属于备案机关不予备案的情形（　　）。

A. 具有制造许可证的

B. 属国家或地方明令淘汰或禁止使用的

C. 超过制造厂家或者安全技术标准规定的使用年限的

D. 经检验达不到安全技术标准规定的

54. 不属于安全技术交底的内容主要依据有（　　）。

A. 施工技术方案　　　　　　　　　　　B. 机械设备手册

C. 施工安全技术规范　　　　　　　　　D. 设备统计台账

55. 建筑机械事故发生的原因中，冒险蛮干，违章作业、违章指挥属于（　　）。

A. 人的不安全行为　　　　　　　　　　B. 物的不安全状态

C. 管理缺陷　　　　　　　　　　　　　　D. 自然因素

56. 建筑机械事故发生的原因中，没有建立健全严格的设备管理制度属于（　　）。

A. 人的不安全行为　　　　　　　　　　　B. 物的不安全状态

C. 管理缺陷　　　　　　　　　　　　　　D. 自然因素

57. 不属于施工机械安全保护装置的是（　　）。

A. 隔离防护装置　　　　　　　　　　　　B. 起重机变幅机构

C. 重量限制装置　　　　　　　　　　　　D. 连锁防护装置

58. 建筑机械基础数据能够为本企业提供（　　）。

A. 成本核算的依据　　　　　　　　　　　B. 从业人员资质资料

C. 经营管理决策依据　　　　　　　　　　D. 产品价格依据

59. 外租大型机械使用费构成中不包括（　　）。

A. 单机租赁费　　　　　　　　　　　　　B. 固定资产折旧费

C. 安装拆卸和进出场费　　　　　　　　　D. 税额

E. 自行配合人工能源消耗费

60. 建筑机械资产管理的基础资料中，反映建筑机械主要情况的基础资料是（　　）。

A. 登记卡片　　　　　　　　　　　　　　B. 台账

C. 清查盘点登记表点　　　　　　　　　　D. 档案

三、多选题（共 20 题，每题 2 分，选错项不得分，选不全得 1 分）

61. 《建筑起重机械安全监督管理规定》明确了建筑起重机械的范围和（　　）的管理及监督的相关规定。

A. 租赁　　　　　　B. 安装　　　　　　C. 拆卸　　　　　　D. 使用

E. 维护

62. 出租单位出租的建筑起重机械和使用单位（　　）的建筑起重机械应当具有特种设备制造许可证、产品合格证、制造监督检验证明。

A. 购置　　　　　　B. 租赁　　　　　　C. 使用　　　　　　D. 安装

E. 维护

63. 安装单位应当按照建筑起重机械（　　）组织安装、拆卸作业。

A. 国家有关标准　　　　　　　　　　　　B. 使用说明书

C. 安装、拆卸专项施工方案　　　　　　　D. 安全操作规程

E. 相关法规

64. 施工三要素是指（　　）。

A. 施工质量　　　　B. 施工速度　　　　C. 施工进度　　　　D. 施工安全

E. 施工方案

65. 企业内部建筑机械检查活动分为（　　）等多种检查形式。

A. 定期检查　　　　B. 不定期检查　　　C. 日常巡查　　　　D. 全面检查

E. 突击检查

66. 建筑机械操作人员要努力做到"四会"，即（　　）。

A. 会使用　　　　　B. 会保养　　　　　C. 会检查　　　　　D. 会排除故障

E. 会拆卸

67. 机械的故障率随时间的变化大致分为（　　）。

A. 早期故障期　　　B. 偶发故障期　　　C. 消耗故障期　　　D. 后期故障期

E. 中期故障期

68. 下列故障类型属于退化型故障的是（　　）。

A. 老化　　　　　　B. 变质　　　　　　C. 脱落　　　　　　D. 剥落

E. 拉伤

69. 建筑机械故障零件换用、替代修理法包括（　　）。

A. 一般机械加工法　　　　　　　　B. 换件修理法

C. 替代修理法　　　　　　　　　　D. 建筑机械故障零件弃置法

E. 正常修理法

70. 单机核算的核心内容包括（　　）。

A. 收入　　　　　　B. 成本支出　　　　C. 利润　　　　　　D. 核算盈亏

E. 税费

71. 下列属于 TN 系统的是（　　）。

A. TN-S 系统　　　B. TN-C 系统　　　C. TN-C-S 系统　　　D. YN-C 系统

E. TN-S-C 系统

72. 建筑机械使用管理的基本制度有（　　）。

A. "三定" 责任制度　　　　　　　B. 持证上岗制度

C. 交接班制度　　　　　　　　　　D. 检查制度

E. 安全使用制度

73. 有下列情形之一的建筑起重机械，备案机关不予备案（　　）。

A. 具有制造许可证的

B. 属国家或地方明令淘汰或禁止使用的

C. 超过制造厂家或者安全技术标准规定的使用年限的

D. 经检验达不到安全技术标准规定的

E. 具有产品生产合格证的

74. 安装施工交底应将（　　）等向安全作业人员交底。

A. 施工要点　　　B. 安全技术措施　　　C. 工艺步骤　　　D. 设备价格或租金

E. 安全施工注意事项

75. 针对机械设备人员的安全教育培训，可以采用外培或内培两种方式。适合施工现场的培训的方式主要有以下几种（　　）。

A. 外部讲师做培训　　　　　　　　B. 内部专家进行专业培训

C. 技能比赛　　　　　　　　　　　D. 知识竞赛

E. 网络学习

76. 建筑机械事故发生的主要原因有（　　）。

A. 人的不安全行为　　　　　　　　B. 物的不安全状态

C. 管理缺陷　　　　　　　　　　　D. 自然因素

E. 意外情况

77. 当恶劣天气来临时的对应措施是（　　）。

A. 设备应及时停止使用　　　　　　　B. 塔式起重机放下钩头

C. 起重机械卸下吊物　　　　　　　　D. 升降机吊笼、吊篮笼体等落至地面

E. 不可切断设备电源

78. 属于建筑机械运行基础数据的有（　　）。

A. 机械购置费用　　　　　　　　　　B. 建筑机械交接班记录

C. 运转记录　　　　　　　　　　　　D. 作业人员证书

79. 机械维修保养费包括（　　）等费用。

A. 维修保养零配件费　　　　　　　　B. 机械租赁费

C. 工具损耗费　　　　　　　　　　　D. 人工费

80. 建筑机械资产管理的基础资料包括（　　）。

A. 登记卡片　　　　　　　　　　　　B. 台账

C. 清查盘点登记表　　　　　　　　　D. 档案

E. 使用记录

机械员岗位知识与专业技能试卷答案与解析

一、判断题（共 20 题，每题 1 分）

1. 正确

【解析】特种设备出厂时，应当附有安全技术规范要求的设计文件产品质量合格证明、安装及使用维修说明、监督检验证明等文件。

2. 正确

【解析】在施工现场安装、拆卸施工起重机械和整体提升脚手架、模板等自升式架设设施，必须由具有相应资质的单位承担。

3. 错误

【解析】施工企业装备来源除自购以外，还可通过实物租赁方式获取。

4. 正确

【解析】企业主要负责人要切实承担安全生产第一责任人的责任。

5. 错误

【解析】机械加工是零件修复过程中最主要和最基本方法。

6. 正确

【解析】计划外维修的次数和工作量越少，表明管理水平越高。

7. 正确

【解析】单机核算就是对单台建筑机械进行经济核算，其核心内容就是收入、成本支出和核算盈亏三大部分。

8. 错误

【解析】根据建筑机械自身特点应建立起与之相配套的两种考核目标，可称为总费用法和单价指标法。

9. 正确

【解析】配电箱、开关箱必须按照下列顺序操作：

送电操作顺序为：总配电箱→分配电箱→开关箱；

停电操作顺序为：开关箱→分配电箱→总配电箱。

送电操作顺序为：开关箱→分配电箱→总配电箱。

10. 错误

【解析】漏电保护器的作用主要是防止漏电引起的事故和防止单相触电事故。它不能对两相触电起到保护作用。其次是防止由于漏电引起的火灾事故。

11. 正确

【解析】对于塔式起重机、电梯等大型设备，每年都应制定维修保养计划。

12. 错误

【解析】对于路基整形工程，选择的机械主要有：平地机、推土机和挖掘机等。

13. 正确

【解析】建筑机械选择应考虑实际工程量、施工条件、技术力量、配置动力与生产能力等因素。

14. 正确

【解析】建筑起重机械经验收合格后方可投入使用，未经验收或者验收不合格的不得使用。

15. 正确

【解析】安全技术交底是机械安全运行控制中的一个重要流程，是通过方案、标准、规范的学习、讲解，让机械实际操作人员掌握机械设备安全风险控制、技术要点、应对措施等。

16. 正确

【解析】现代设备管理要求的是全员参加的设备管理维修体制，机械操作者应以"我的设备我维护"的理念投入工作中，坚持对设备进行检查保养，执行"十字"作业，即清洁、调整、润滑、紧固、防腐，可以延续设备的使用寿命，排除安全隐患。

17. 正确

【解析】按照安全事故致因理论，建筑机械事故发生的主要原因有：人的不安全行为、物的不安全状态、管理缺陷及自然因素。

18. 错误

【解析】力矩限制装置是塔式起重机在某一幅度的最大起重量或某一重量吊物移动最大幅度限制的保护装置。

19. 正确

【解析】建立建筑机械运行基础数据，有利于充分了解建筑机械的实际工作能力，掌握实际运行成本，合理实施方案调整，能有效地充分利用资源，避免窝工，资源浪费，并为本企业提供经营管理决策依据。

20. 错误

【解析】自有大型机械使用费＝固定资产折旧费＋人工费＋维修保养费＋能源消耗费＋进出场费＋其他费用。

二、单选题（共40题，每题1分）

21. C

【解析】特种设备出厂时，应当附有安全技术规范要求的设计文件产品质量合格证明、安装及使用维修说明、监督检验证明等文件。

22. C

【解析】《建筑起重机械安全监督管理规定》中第七条：有下列情形之一的建筑起重机械，不得出租、使用：

(1) 属国家明令淘汰或者禁止使用的；

(2) 超过安全技术标准或者制造厂家规定的使用年限的；

(3) 经检验达不到安全技术标准规定的；

(4) 没有完整安全技术档案的；

(5) 没有齐全有效的安全保护装置的。

第八条　建筑起重机械有本规定第七条第（1）、（2）、（3）项情形之一的，出租单位或者自构建起重机械的使用单位应当予以报废，并向原备案机关办理注销手续。

23. A

【解析】在施工现场安装、拆卸施工起重机械和整体提升脚手架、模板等自升式架设设施，必须由具有相应资质的单位承担。

24. B

【解析】建筑起重机械在验收前应当经由相应资质的检验检测机构监督检验合格。

25. D

【解析】根据建设部《实施工程建设强制性标准监督规定》（建设部令第 81 号）中规定，在中华人民共和国境内从事新建、扩建、改建等工程建设活动中，直接涉及工程质量、安全、卫生及环境保护等方面，必须执行工程建设强制性标准。

26. B

【解析】在道路工程施工中必须考虑到施工的成本，体现了哪项建筑机械选用的一般原则：施工机械应具备较好的经济性。

27. D

【解析】专用建筑机械的选择，应根据工程性质、工程质量、工程安全来决定，体现了建筑机械选用的一般原则：施工机械应具有良好的通用性或专用性。

28. D

【解析】在建筑机械租赁市场比较完善的地区，租赁公司选择的余地较大，如何选择好租赁公司，对施工生产影响较大。基本条件是：信誉好、服务好、设备好、管理好。

29. B

【解析】建筑机械管理制度是施工企业管理的一项基本制度，覆盖设备管理的全过程。

30. A

【解析】指挥组，主要负责事故发生后现场指挥工作。

31. A

【解析】机械管理计划：参与制定建筑机械使用计划，负责制定维护保养计划；参与制定建筑机械管理制度。

32. D

【解析】建筑机械资料管理：负责编制建筑机械安全、技术管理资料；负责汇总、整理、移交建筑机械资料。

33. D

【解析】建筑机械操作人员要努力做到"四会"（会使用、会保养、会检查、会排除故障）。

34. C

【解析】建筑机械在工作过程中，因某种原因丧失规定功能或危害安全的现象称为故障。

35. B

【解析】退化型故障：如老化、变质、剥落、异常磨损等。

36. A

【解析】机械加工是零件修复过程中最主要和最基本方法。

37. A

【解析】日常维护："十字作业"，即清洁、润滑、紧固、调整、防腐。

38. C

【解析】二级维护的实质是通过对建筑机械总成进行深入的检查和调整，以保证运转一定时间后仍能保持正常的使用性能。

39. C

【解析】事后修理属于非计划性修理，它以建筑机械出现功能性故障为基础。

40. A

【解析】大修：全面或基本恢复机械设备的功能，一般由专业修理人员修理或在修理中心进行。

41. A

【解析】建筑机械成本核算包括单机核算、班组核算、维修核算等，其中单机核算为最基本的核算方式。

42. A

【解析】确认原则，是指对各项经济业务中发生的成本，都必须按一定的标准和范围加以认定和记录。

43. B

【解析】月计租：这里主要是指按月租赁的大型建筑机械的租金结算。

44. C

【解析】台班计租：这里主要是指按台班租赁的建筑机械的租金结算。

45. B

【解析】导线截面的选择，主要从导线的机械强度、电流密度和电压降来考虑。

46. D

【解析】TN-S 系统——在整个系统中工作零线（N 线）和保护零线（PE 线）是分开设置的接零保护系统。

47. D

【解析】施工现场特别潮湿场所在使用安全电压额定值时应选用 12V。

48. A

【解析】定人、定机、定岗位责任，简称"三定"制度。

49. A

【解析】日常检查也称日常巡查，是机械员现场管理的重要内容之一。

50. A

【解析】沥青路面施工主要建筑机械的配置：

(1) 混凝土搅拌设备的配置；

(2) 沥青混凝土摊铺机的配置；

(3) 沥青路面压实机械配置。

51. C

【解析】桥梁工程施工主要建筑机械的配置：

(1) 通用施工机械；

（2）桥梁混凝土生产与运输机械；

（3）下部施工机械；

（4）上部施工机械。

52. B

【解析】产权单位在办理备案手续时，应当向备案机关提交以下资料：

（1）产权单位法人营业执照副本；

（2）制造许可证；

（3）产品合格证；

（4）制造监督检验证明；

（5）购销合同、发票或相应有效凭证；

（6）备案机关规定的其他资料。

53. A

【解析】有下列情形之一的建筑起重机械，备案机关不予备案：

（1）属国家或地方明令淘汰或禁止使用的；

（2）超过制造厂家或者安全技术标准规定的使用年限的；

（3）经检验达不到安全技术标准规定的。

54. D

【解析】安全技术交底的内容主要依据有：施工技术方案、机械设备手册、施工安全技术规范、技术规程等。

55. A

【解析】人的不安全行为：冒险蛮干、违章作业、违章指挥。

56. C

【解析】管理缺陷：没有建立健全严格的设备管理制度。

57. B

【解析】施工机械安全保护装置种类很多，主要是：1）隔离防护装置；2）限位装置；3）重量限制装置；4）力矩限制装置；5）防坠限制装置；6）连锁防护装置；7）起重吊钩防脱钩装置；8）钢丝绳防脱装置；9）紧急开关，等。

58. C

【解析】建立建筑机械运行基础数据，有利于充分了解建筑机械的实际工作能力，掌握实际运行成本，合理实施方案调整，能有效地充分利用资源，避免窝工，资源浪费，并为本企业提供经营管理决策依据。

59. B

【解析】外租大型机械使用费＝单机租赁费＋安装拆卸和进出场费＋税额＋自行配合人工能源消耗费＋其他费用。

60. A

【解析】登记卡片是反映建筑机械主要情况的基础资料。

三、多选题（共 20 题，每题 2 分，选错项不得分，选不全得 1 分）

61. ABCD

【解析】《建筑起重机械安全监督管理规定》明确了建筑起重机械的范围和租赁、安装、拆卸、使用的管理及监督的相关规定。

62. ABC

【解析】《建筑起重机械安全监督管理规定》第四条：出租单位出租的建筑起重机械和使用单位购置、租赁、使用的建筑起重机械应当具有特种设备制造许可证、产品合格证、制造监督检验证明。

63. CD

【解析】安装单位应当按照建筑起重机械安装、拆卸工程专项施工方案及安全操作规程组织安装、拆卸作业。

64. ACD

【解析】施工质量、施工进度及施工安全被称为施工三要素。

65. ABC

【解析】企业内部建筑机械检查活动分为定期检查、不定期检查、日常巡查等多种检查形式。

66. ABCD

【解析】建筑机械操作人员要努力做到"四会"（会使用、会保养、会检查、会排除故障）。

67. ABC

【解析】机械的故障率随时间的变化大致分为三个阶段：早期故障期、偶发故障期和消耗故障期。

68. ABD

【解析】退化型故障：如老化、变质、剥落、异常磨损等。

69. BCD

【解析】建筑机械故障零件换用、替代修理法：1）换件修理法；2）替代修理法；3）建筑机械故障零件弃置法。

70. ABD

【解析】单机核算就是对单台建筑机械进行经济核算，其核心内容就是收入、成本支出和核算盈亏三大部分。

71. ABC

【解析】TN 系统根据中性导线和保护导线的布置分有三种：TN-S 系统、TN-C-S 系统和 TN-C 系统。

72. ABCD

【解析】建筑机械使用管理的基本制度有："三定"责任制度、持证上岗制度、交接班制度、检查制度等。

73. BCD

【解析】有下列情形之一的建筑起重机械，备案机关不予备案：
（1）属国家或地方明令淘汰或禁止使用的；
（2）超过制造厂家或者安全技术标准规定的使用年限的；
（3）经检验达不到安全技术标准规定的。

74. ABCE

【解析】安装施工交底应由方案编制人或技术负责人对方案进行讲解，将施工要点、安全技术措施、安装方法、工艺步骤、施工中可能出现的危险因素、安全施工注意事项等向安全作业人员交底。

75. ABC

【解析】针对机械设备人员的安全教育培训，可以采用外部培训和内部培训两种方式，主要有以下几种：1）外部培训；2）内部培训；3）技能竞赛。

76. ABCD

【解析】按照安全事故致因理论，建筑机械事故发生的主要原因有：人的不安全行为、物的不安全状态、管理缺陷及自然因素。

77. ACD

【解析】恶劣天气的对应措施是做好日常检查和维修保养，发现问题及时处理；当恶劣天气来临时，设备应及时停止使用；起重机械卸下吊物，塔式起重机收起钩头，移动式起重机收回臂杆，移到安全位置；升降机吊笼、吊篮笼体等落至地面；及时切断设备电源，撤离人员等。

78. BC

【解析】基本的运行数据由：建筑机械交接班记录、运转记录等。

79. ACD

【解析】机械维修保养费＝维修保养零配件费＋维修耗材费＋工具损耗费＋人工费＋其他费用。

80. ABCD

【解析】建筑机械资产管理的基础资料包括：登记卡片、台账、清查盘点登记表、档案等。